Fachwissen Technische Akustik

Diese Reihe behandelt die physikalischen und physiologischen Grundlagen der Technischen Akustik, Probleme der Maschinen- und Raumakustik sowie die akustische Messtechnik. Vorgestellt werden die in der Technischen Akustik nutzbaren numerischen Methoden einschließlich der Normen und Richtlinien, die bei der täglichen Arbeit auf diesen Gebieten benötigt werden.

Weitere Bände in der Reihe http://www.springer.com/series/15809

Michael Möser
(Hrsg.)

Modalanalyse

Hrsg.
Michael Möser
Institut für Technische Akustik
Technische Universität Berlin
Berlin, Deutschland

ISSN 2522-8080 ISSN 2522-8099 (electronic)
Fachwissen Technische Akustik
ISBN 978-3-662-60927-9 ISBN 978-3-662-60928-6 (eBook)
https://doi.org/10.1007/978-3-662-60928-6

Die Deutsche Nationalbibliothek verzeichnet diese Publikation in der Deutschen Nationalbibliografie; detaillierte bibliografische Daten sind im Internet über http://dnb.d-nb.de abrufbar.

Planung/Lektorat: Alexander Grün
Springer Vieweg ist ein Imprint der eingetragenen Gesellschaft Springer-Verlag GmbH, DE und ist ein Teil von Springer Nature.
Die Anschrift der Gesellschaft ist: Heidelberger Platz 3, 14197 Berlin, Germany

Inhaltsverzeichnis

Autorenverzeichnis

Ennes Sarradj Fachgebiet Technische Akustik, Technische Universität Berlin, Berlin, Deutschland

Modalanalyse

Ennes Sarradj

Zusammenfassung

In einer Einführung wird zunächst auf den Zusammenhang des physikalischen Modells und des systemtheoretischen Modells eingegangen sowie der Nutzen des modalen Modells für die Beschreibung der Systemeigenschaften erläutert. Danach wird die dem modalen Modell zugrunde liegende Theorie sowie der Zusammenhang der modalen Parameter mit den im Systemmodell verwendeten Frequenzgängen dargestellt. Verschiedene Verfahren der experimentellen Modalanalyse werden ebenso erklärt wie das praktische Vorgehen bei der Gewinnung der dazu notwendigen Messdaten und die Möglichkeiten zur Überprüfung der Ergebnisse. Zur Demonstration der verschiedenen Möglichkeiten und Verfahren wird ein einfaches praktisches Beispiel ausführlich behandelt. Das umfasst die Vorgehensweise bei der Messung ebenso wie die Anwendung unterschiedlich aufwändiger Verfahren zur Extraktion der modalen Parameter. Dazu werden zahlreiche Ergebnisse gezeigt, so dass Möglichkeiten und Grenzen der experimentellen Modalanalyse deutlich werden.

Die experimentelle Modalanalyse ist ein anspruchsvolles Beispiel für ein Verfahren zur Analyse der dynamische Eigenschaften von Systemen. Von besonderem Interesse sind hier akustische und mechanische Systeme, also solche physikalischen Systeme, deren dynamische Eigenschaften durch die Ausbreitung von Schall in Fluiden und Festkörpern bestimmt werden. Beispiele für solche Systeme sind Räume, deren akustisches Verhalten von Interesse ist, Maschinen oder Teile davon (hier steht Körperschall bzw. das Schwingungsverhalten im Vordergrund) oder auch Fahrzeuge oder Fahrzeug-Teilsysteme wie Karosserien oder Motoren. Die dynamischen Eigenschaften solcher Systeme können auf verschiedene Weise beschrieben werden.

Eine Möglichkeit der Beschreibung ist die Erfassung sämtlicher Abmessungen, geometrischer Daten und Eigenschaften der Materialien. Zusammen mit geeigneten Differentialgleichungen kann damit eine Beschreibung anhand von physikalischen Größen, wie z. B. Schalldruck oder Schwingschnelle erfolgen. Die Abbildung der dynamischen Eigenschaften erfolgt dann in diesem physikalischen Modell mittels dynamischer Zustandsgrößen, also beispielsweise der bei einer bestimmten Anregung auftretenden örtlichen Verteilung der Schwingschnelle. Bei dieser Beschreibungsmöglichkeit tauchen jedoch mehrere praktische Probleme auf. Dazu zählt, dass alle geometrischen und Materialdaten des Systems genau bekannt sein müssen.

Weiterhin ist es praktisch immer notwendig, die örtliche Verteilung der betrachteten physi-

E. Sarradj
Fachgebiet Technische Akustik, Technische Universität Berlin, Berlin, Deutschland
E-Mail: ennes.sarradj@tu-berlin.de

M. Möser (Hrsg.), *Modalanalyse*, Fachwissen Technische Akustik,
https://doi.org/10.1007/978-3-662-60928-6_1

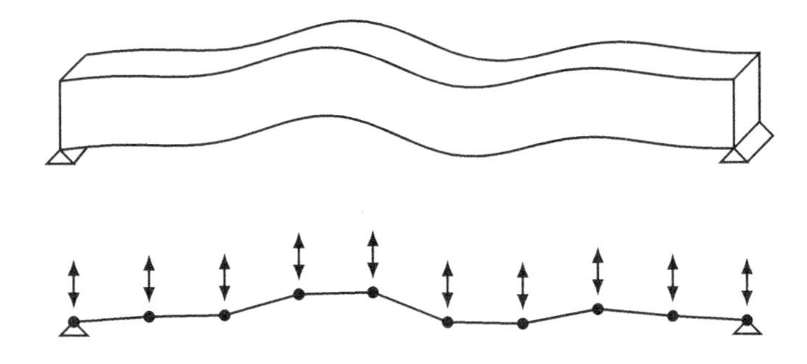

Abb. 1.1 Momentaufnahme eines schwingenden Balkens und diskretisiertes Modell mit gekennzeichneten Freiheitsgraden

kalischen Größen zu diskretisieren, also nur an einzelnen Orten zu betrachten. Das erfordert dann auch eine Diskretisierung des Modells (Abb. 1.1). Im diskreten Modell gibt es eine endliche Anzahl dynamischer Zustandsgrößen, die „Freiheitsgrade“ (degrees of freedom, DOF). Das können beispielsweise die Komponenten des Schwingschnelle-Vektors an bestimmten Orten sein.

Eine weitere Möglichkeit der Beschreibung ist die als abstraktes lineares System (Abb. 1.2). Dazu müssen ein oder mehrere Eingänge und ein oder mehrere Ausgänge des Systems festgelegt werden. Die dynamischen Eigenschaften können dann durch das jeweils zwischen einem Eingang und einem Ausgang festgestellte Übertragungsverhalten beschrieben werden. Diese Möglichkeit der Beschreibung eignet sich offensichtlich für eine experimentelle Untersuchung, nämlich dann, wenn die physikalischen Größen an Ein- und Ausgängen durch eine Messung erfasst werden. Es hat aber auch den Nachteil, dass das Beschreibungsmodell ohne Weiteres nur die Beurteilung solcher Eigenschaften (Impulsantworten und Frequenzgänge) erlaubt, die explizit gemessen worden sind. Für eine dem physikalischen Modell äquivalente Beschreibung müsste die Anzahl der Aus- und Eingänge jeweils der Anzahl der Freiheitsgrade entsprechen. Bei vielen Aus- und Eingängen (Anregungs- und Empfangsorten) bedeutet das einen sehr hohen Aufwand.

Die Grundlage für eine effizientere Beschreibung bildet die Verwendung des modalen Modells (Abb 1.3). In diesem Modell werden die dynamischen Eigenschaften des Systems durch Moden abgebildet. Jede Mode wird dabei durch eine charakteristische Frequenz (Eigenfrequenz), die Dämpfung (eine Zahl, die dissipative Energieverluste beschreibt) sowie eine charakteristische Schwingform (Eigenschwingform, mode shape) beschrieben. Für die in der Praxis eigentlich immer interessierende Beschreibung für einen begrenzten Frequenzbereich bietet das Vorteile, da sich die Menge der notwendigen Informationen gegenüber den anderen Betrachtungsweisen reduzieren lässt. Außerdem sind in vielen Fällen

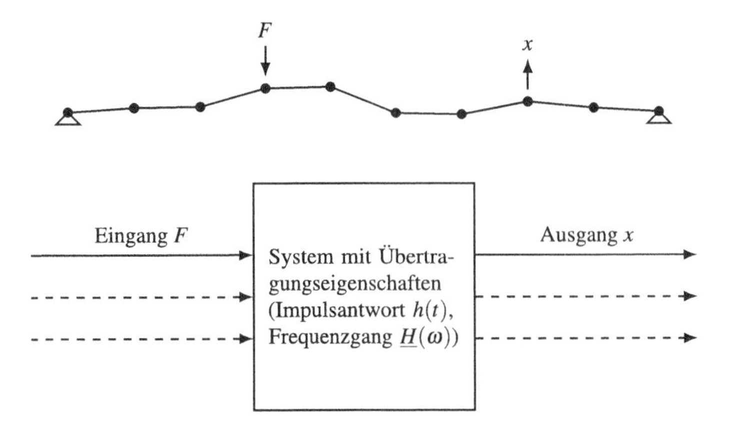

Abb. 1.2 Beschreibung durch ein lineares System: Eingangs- und Ausgangsgrößen werden an den Freiheitsgraden betrachtet. Zur vollständigen Beschreibung müssen alle Freiheitsgrade erfasst werden

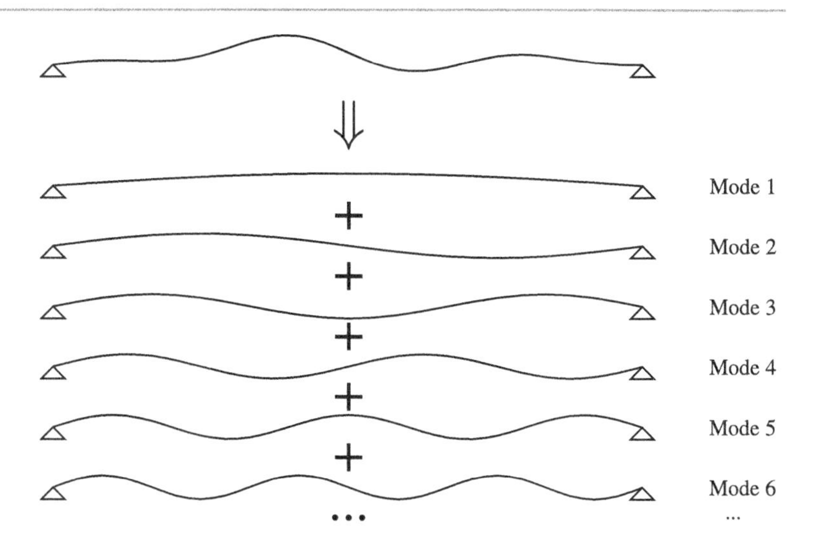

Abb. 1.3 Grundprinzip des modalen Modells: Das dynamische Verhalten des Systems wird durch eine Überlagerung von Moden beschrieben. Jede dieser Moden wird durch eine Eigenschwingform (hier dargestellt) sowie durch eine Eigenfrequenz und eine Dämpfung charakterisiert

die im modalen Modell verwendeten Informationen direkt von Interesse und geben Aufschluss über Probleme im dynamischen Verhalten des Systems und Wege zur gezielten Veränderung. Gegenüber dem physikalischen Modell besteht der Vorteil des modalen Modells darin, dass sich dieses auch verwenden lässt, wenn nur wenige Informationen über das physikalische System zur Verfügung stehen.

Die experimentelle Modalanalyse hat zum Ziel, die für ein modales Modell notwendigen charakteristischen Größen aus experimentell bestimmten Daten des Systemmodells wie Impulsantworten oder Frequenzgängen zu ermitteln. Sie stellt sozusagen eine Vorgehensweise da, um messtechnisch ermittelte Information über die dynamischen Eigenschaften eines Systems auf ein zweckmäßiges Maß zu verdichten. Der Begriff Modalanalyse spielt auch im Zusammenhang mit der Anwendung physikalischer Modelle eine Rolle. Dort kann ein analytisches oder numerisches Modell (beispielsweise mit Hilfe der Finite-Elemente-Methode) benutzt werden, um die modalen Parameter zu berechnen. Ziel ist auch diesen Fällen die Verdichtung der gewonnenen Information.

1.1 Theoretische Grundlagen der Modalanalyse

1.1.1 Lineare Systeme

Eine wichtige Grundlage für die experimentelle Modalanalyse ist die Betrachtung des Untersuchungsgegenstandes als lineares System, dessen dynamische Eigenschaften experimentell bestimmt werden. Unter einem *System* soll hier ein abstraktes Modell jedweder Vorrichtung oder Gegebenheit verstanden werden, bei der sich Eingangs- und Ausgangssignale beobachten lassen. Von besonderem Interesse sind hier Schall- und Schwingungssignale. Ein System kann dabei einen oder mehrere Eingänge und einen oder mehrere Ausgänge haben. Was genau als Eingang oder Ausgang aufgefasst wird, hängt von der konkreten Definition des Systems ab. So kann beispielsweise ein Schalldämpfer als System aufgefasst werden. Der Eingang ist dann dort, wo der Schall von einer Quelle in den Schalldämpfer gelangt und der Ausgang befindet sich an der Mündung. Eine andere Definition könnte auch das Schallfeld nach der Mündung mit einschließen und als Ausgang des Systems den Ort festlegen, an dem ein Messmikrofon aufgestellt ist, um das Schalldrucksignal zu erfassen. In Abb. 1.2 wird ein Körperschall führender schwingender Balken als System dargestellt, bei dem eine zeitabhängige anregende Kraft F an einem Freiheitsgrad das Eingangssignal bildet, während die ebenfalls zeitabhängige Auslenkung x an einem anderen oder auch demselben Freiheitsgrad das Ausgangssignal repräsentiert.

Für ein System kann jedes Ausgangssignal als Funktion des Eingangssignals oder der Eingangssignale aufgefasst werden. Ist

$$x(F_1 + F_2) = x(F_1) + x(F_2), \qquad (1.1)$$

so besitzt das System ein additives Übertragungsverhalten. Das bedeutet, dass wenn zwei Eingangsignale F_1 und F_2 an einem oder an unterschiedlichen Eingängen das Ausgangssignal $x(F_1)$ bzw. $x(F_2)$ hervorrufen, dann bewirkt ihr gleichzeitiges Vorliegen am Eingang bzw. den Eingängen, dass sich am Ausgang die Summe $x(F_1 + F_2)$ einstellt. Gilt

$$x(cF_1) = cx(F_1) \qquad (1.2)$$

für eine beliebige Konstante c, so besitzt das System ein homogenes Übertragungsverhalten.

Ist sowohl additives als auch homogenes Übertragungsverhalten gegeben, handelt es sich um ein *lineares* System. Für die meisten Systeme, die in der Schall- und Schwingungsmesstechnik untersucht werden, kann lineares Verhalten vorausgesetzt werden. Für lineare Systeme ergeben sich besondere mathematische Möglichkeiten zur Beschreibung des Übertragungsverhaltens, die im Folgenden behandelt werden sollen. Von besonderem Interesse ist dabei das dynamische Verhalten, also das bei zeitabhängigen Eingangsgrößen $F(t)$.

Wird angenommen, dass sich die Eigenschaften eines Systems im Laufe der Zeit nicht ändern, handelt es sich um ein System mit zeitinvarianten Eigenschaften. Die Beschreibung der dynamischen Eigenschaften *zeitinvarianter* linearer Systeme kann sowohl mit Hilfe zeitabhängiger Größen als auch mit Hilfe frequenzabhängiger Größen erfolgen.

Eine zeitabhängige Größe ist die Impulsantwort $h(\tau)$. Sie ist als Reaktion des Systems auf einen Stoß (Dirac-Impuls) $\delta(\tau)$ am Eingang definiert. Das Faltungsintegral

$$x(t) = \int_{-\infty}^{+\infty} h(\tau)F(t-\tau)d\tau \qquad (1.3)$$

stellt dann den Zusammenhang zwischen Ausgangssignal $x(t)$ und Eingangsignal $F(t)$ her. Für physikalisch realisierbare Systeme kann angenommen werden, dass die Antwort am Ausgang erst nach dem Impuls (Zeitpunkt $\tau = 0$) auftritt. Physikalische realisierbare Systeme sind *kausal:*

$$h(\tau) = 0 \text{ für } \tau < 0 \qquad (1.4)$$

Eine zweite Möglichkeit zur Beschreibung zeitinvarianter linearer Systeme bietet die Verwendung des Frequenzgangs $\underline{H}(\omega)$. Er kann als Reaktion auf ein Signal am Eingang aufgefasst werden, das alle Frequenzkomponenten gleichermaßen enthält. Der Frequenzgang ist als Fouriertransformierte der Impulsantwort definiert:

$$\underline{H}(\omega) = \int_{0}^{\infty} h(\tau)\,\mathrm{e}^{-j\omega\tau}\,d\tau. \qquad (1.5)$$

Da für ein kausales System der Teil des Integrationsbereiches für $\tau < 0$ keinen Beitrag liefert, genügt es in diesem Falle, die Integration bei der Fouriertransformation statt ab $\tau = -\infty$ erst ab $\tau = 0$ durchzuführen.

Der Zusammenhang über die Fouriertransformation zwischen $h(\tau)$ und $\underline{H}(\omega)$ bedeutet, dass beide Größen dieselben Informationen enthalten, also vollständig äquivalent sind. Das heißt, dass nur jeweils eine der beiden erforderlich ist, um das Verhalten des Systems vollständig zu beschreiben. Von besonderem praktischen Interesse ist auch, dass mit Hilfe einer Fourierrücktransformation die Impulsantwort aus einem bekannten Frequenzgang bestimmt werden kann.

Durch die Fouriertransformation wird aus der Faltung in (1.3) eine Multiplikation:

$$\underline{X}(\omega) = \underline{H}(\omega)\underline{F}(\omega). \qquad (1.6)$$

Dabei sind $\underline{F}(\omega)$ und $\underline{X}(\omega)$ die Fouriertransformierten der Eingangs- und Ausgangssignale. Es wird deutlich, dass sich bei bekannten Fouriertransformierten der Ein- und Ausgangssignale leicht der Frequenzgang bestimmen und damit das Verhalten des Systems anhand der Eingangs- und Ausgangssignale beschreiben lässt.

Der Frequenzgang kann als komplexwertige Größe in einen Betrags- und einen Phasenanteil aufgeteilt werden: $\underline{H}(\omega) = H(\omega)\,\mathrm{e}^{j\phi(\omega)}$. Damit ergeben sich Amplitudengang $H(\omega)$ und Phasengang $\phi(\omega)$. Als Folge der Kausalität physikalisch realisierbarer Systeme ergeben sich die Zusammenhänge

$$\underline{H}(-\omega) = \underline{H}^*(\omega), \qquad H(-\omega) = H(\omega),$$
$$\phi(-\omega) = \phi(\omega). \tag{1.7}$$

Es genügt also, den Frequenzgang nur bei positiven Frequenzen zu betrachten.

1.1.2 Modales Modell

Grundlage des modalen Modells ist die Überlegung, dass jede hier als dynamisches System aufgefasste Struktur Moden besitzt. Die Mode r ist gekennzeichnet durch die Eigenfrequenz f_r bzw. Eigenkreisfrequenz ω_r sowie durch eine dieser zugeordnete Eigenschwingform $\psi_r(\boldsymbol{x})$, welche die Abhängigkeit einer physikalischen Größe (z. B. der Schwingschnelle $\underline{v}$) vom Ort $\boldsymbol{x}$ beschreibt. Wegen der besonderen Eigenschaften des aus den ψ_r gebildeten Systems von Funktionen kann das Verhalten der Struktur durch eine Superposition aller dieser Funktionen beschrieben werden. Für das Beispiel der Schwingschnelle ergibt sich so:

$$\underline{v}(\omega, \boldsymbol{x}) = \sum_{r=1}^{\infty} \underline{v}_r(\omega)\psi_r(\boldsymbol{x}). \tag{1.8}$$

Dieser Zusammenhang ist auch als Entwicklungssatz [4] bekannt. Die Gewichtsfaktoren $\underline{v}_r(\omega)$ beschreiben den Anteil jeder einzelnen Mode am Gesamtergebnis und hängen von der Frequenz und der Anregung des Struktur ab. Generell kann davon ausgegangen werden, dass der Gewichtsfaktor für eine bestimmte Mode nur in der Umgebung der zugehörigen Eigenfrequenz groß ist, für deutlich verschiedene Frequenzen aber klein. Deshalb ergibt sich auch dann eine gute Näherung, wenn die Summe nicht über alle, sondern nur über die Moden gebildet wird, deren Eigenfrequenzen sich nicht sehr von der interessierenden Frequenz unterscheiden. Damit genügen zur Beschreibung der dynamischen Eigenschaften für eine bestimmte Frequenz oft nur wenige Moden – das ist der zuvor diskutierte, eigentliche Vorteil des modalen Modells.

Die weitere Diskussion wird deutlich vereinfacht, wenn wir an Stelle kontinuierlicher örtlicher Verteilungen der interessierenden physikalischen Größen diese ebenso diskretisieren wie das physikalische Modell des Systems. Das führt zu einer endlichen Anzahl von Freiheitsgraden. Das diskretisierte Modell des physikalischen Systems setzt sich aus drei Arten von räumlich „konzentrierten" Elementen zusammen (Abb. 1.4). Diese drei Arten sind Elemente, die kinetische Energie speichern („Massen"), Elemente, die potentielle Energie speichern („Federn", „Steifigkeiten", „Nachgiebigkeiten") und solche, die dem System akustische bzw. Schwingenergie entziehen („Dämpfer", „Reibung"). Für ein konkretes System sind die Freiheitsgrade über eine Vielzahl dieser Elemente verknüpft, die mit tatsächlichen physikalischen Eigenschaften des Systems korrespondieren. Das solchermaßen aufgestellte physikalische Modell erlaubt nun eine Berechnung durch eine Analyse der Elemente und ihrer Verknüpfungen.

Das modale Modell kann in ähnlicher Weise beschrieben werden. Der wesentliche Unterschied ist hier, dass jeder Mode immer genau drei Elemente – je eines von jeder der drei möglichen Elementarten – zugeordnet sind [5]. Dadurch wird das System gedanklich in viele gleichartige, einfache Systeme aufgeteilt, die unabhängig voneinander sind und sich demzufolge auch unabhängig voneinander beschreiben lassen. Die jeweils zugeordneten Elemente sind dann modale Massen, modale Steifigkeiten und modale Dämpfungen, die nicht direkt mit den Elementen des physikalischen Modells korrespondieren. Um diese

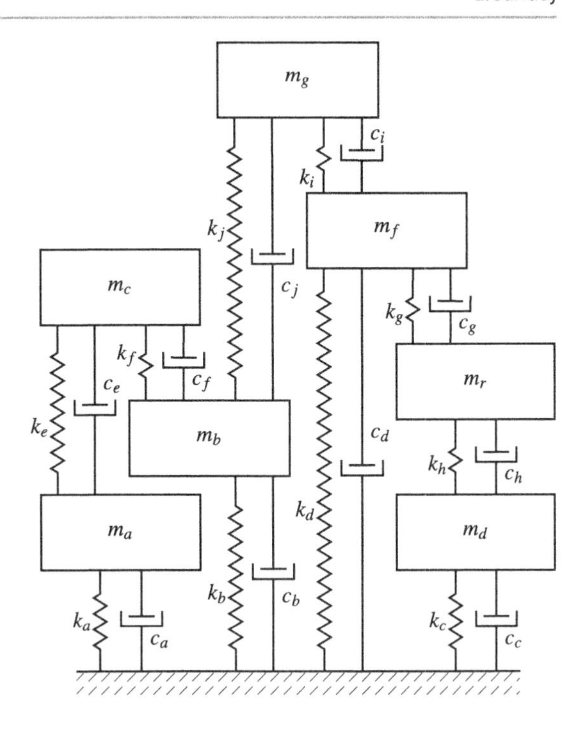

Abb. 1.4 Diskretisiertes Modell eines physikalischen Systems: Massen m, Steifigkeiten k und Dämpfer c

Idee der Separation des dynamischen Systems in mehrere unabhängige, einfache Systeme weiter zu vertiefen, ist es sinnvoll, solche einfachen Systeme mit nur einem Freiheitsgrad ausführlicher zu betrachten (Abb. 1.5).

1.1.3 Systeme mit einem Freiheitsgrad

Mechanische Systeme mit einem Freiheitsgrad (single degree of freedom, SDOF) können als Einmassenschwinger modelliert werden. Dieser setzt sich aus einer Masse m, einer Feder mit der Steife k und einem Dämpfer c zusammen. Alle drei Elemente sind der gleichen Auslenkung $x(t)$ unterworfen, während sich eine wirkende Kraft $F(t)$ auf die drei Elemente aufteilt. Aus dieser Überlegung und aus den jeweiligen Beziehungen zwischen Kraft und Auslenkung für die einzelnen Elemente ergibt sich die folgende Differentialgleichung:

$$m\frac{\partial^2}{\partial t^2}x(t) + c\frac{\partial}{\partial t}x(t) + kx(t) = F(t). \qquad (1.9)$$

Dieses physikalische Modell des Systems lässt sich nun verwenden, um die dynamischen Eigenschaften des Systems in Form eines Frequenzgangs oder einer Impulsantwort anzugeben. Dazu betrachten wir $F(t)$ als Eingang und $x(t)$ als Ausgang des Systems.

Grundlage zur Ermittlung des Frequenzgangs ist die Fourier-transformierte Differentialgleichung (1.9), bei der mit Hilfe des Differentiationssatzes die partiellen Ableitungen zu Multiplikationen mit $j2\pi f = j\omega$ werden:

$$\left(-\omega^2 m + j\omega c + k\right)\underline{X}(\omega) = \underline{F}(\omega). \qquad (1.10)$$

Daraus ergibt sich unmittelbar der Frequenzgang des Systems:

$$\underline{H}(\omega) = \frac{\underline{X}(\omega)}{\underline{F}(\omega)} = \frac{1}{-\omega^2 m + j\omega c + k}. \qquad (1.11)$$

Das Polynom im Nenner von (1.11) hat zwei Nullstellen. Damit kann der Frequenzgang auch als

$$\underline{H}(\omega) = \frac{\underline{X}(\omega)}{\underline{F}(\omega)} = \frac{1}{(j\omega - \lambda_1)(j\omega - \lambda_1^*)} \qquad (1.12)$$

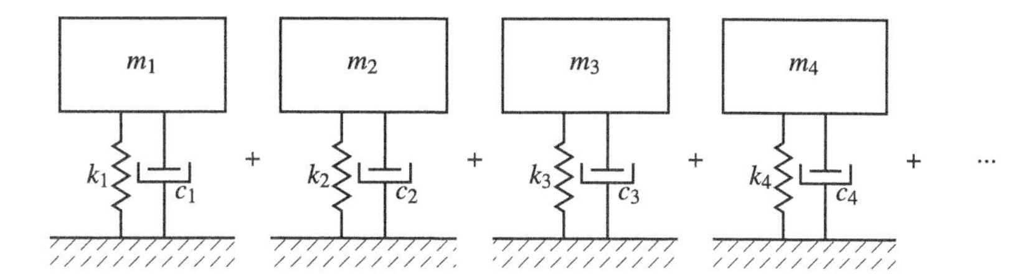

Abb. 1.5 Modales Modell: Aufteilung in Moden, die durch je eine modale Masse, eine modale Steifigkeit und eine modale Dämpfung beschrieben werden

dargestellt werden. Die Nullstellen λ_1 und λ_1^* sind komplex konjugiert und ergeben sich zu

$$\lambda_1 = -\frac{c}{2m} + j\sqrt{\frac{k}{m} - \left(\frac{c}{2m}\right)^2}. \tag{1.13}$$

Für den Fall verschwindender Dämpfung $c \to 0$ wird

$$\lambda_1 = j\sqrt{\frac{k}{m}} = j\omega_0. \tag{1.14}$$

Die Frequenz $\omega_0 = \sqrt{\frac{k}{m}}$ ist die Eigenfrequenz des Einmassenschwingers ohne Dämpfung (ein nur theoretisches Modell). Die Dämpfung der meisten praktisch betrachteten Systeme bleibt so klein, dass der Radikant in (1.13) stets positiv ist. Wir wollen uns bei der weiteren Diskussion deshalb auf diesen Fall beschränken. Mit der modalen Dämpfung $\delta = \frac{c}{2m}$ kann dann

$$\lambda_1 = -\delta + j\sqrt{\omega_0^2 - \delta^2} = -\delta + j\omega_d \tag{1.15}$$

geschrieben werden. ω_d ist jetzt eine für den gedämpften Einmassenschwinger charakteristische Frequenz. Sie unterscheidet sich je nach der vorhandenen Dämpfung leicht von ω_0.

Eine weitere charakteristische Frequenz ergibt sich aus der Betrachtung des Amplitudengangs

$$|\underline{H}(\omega)| = \frac{1}{\sqrt{(k - \omega^2 m)^2 + (\omega c)^2}}, \tag{1.16}$$

der ein Maximum bei der Resonanzfrequenz

$$\omega_r = \sqrt{\omega_0^2 - 2\delta^2}, \tag{1.17}$$

hat. Bei einigen Analysemethoden wird davon ausgegangen, dass sich ω_0, ω_d und ω_r nur unwesentlich unterscheiden (Abb. 1.6). Diese Annahme ist gleichbedeutend mit der oft zutreffenden Annahme geringer Dämpfung.

Für die Dämpfung gibt es verschiedene physikalische Ursachen, die bewirken, dass c frequenzabhängig sein kann. Eine für Körperschall

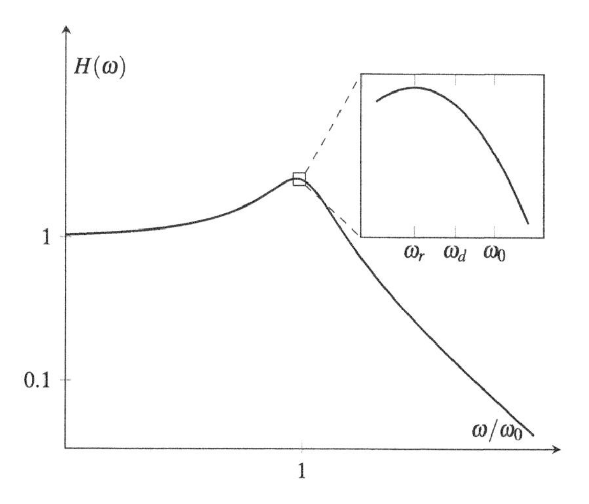

Abb. 1.6 Frequenzgang eines Einmassenschwingers nach (1.16) mit $\delta = 0{,}2$ und gekennzeichneten Frequenz ω_r, ω_d und ω_0

oft verwendete Annahme ist, dass der Verlustfaktor $\eta = \omega c/k$ nicht von der Frequenz abhängt, c also umgekehrt proportional zur Frequenz ist. Für die weitere mathematische Analyse wollen wir entweder diese Abhängigkeit annehmen, oder dort, wo nur kleinere Frequenzintervalle betrachtet werden, auch davon ausgehen, dass c innerhalb dieser Intervalle konstant sei.

Nachdem der Frequenzgang für den Einmassenschwinger bekannt ist, kann nun mit Hilfe der Fourier-Rücktransformation die Impulsantwort bestimmt werden. Es ergibt sich:

$$h(t) = Ae^{-\delta t} sin(\omega_d t), \qquad A = \frac{1}{\sqrt{km - \frac{c^2}{4}}} \tag{1.18}$$

eine abklingende, oszillierende Funktion. Die Bedeutung von δ und ω_d lässt sich in Abb. 1.7 erkennen. δ bestimmt die Geschwindigkeit des Abklingens und ω_d die Frequenz der Oszillation.

Aus der Untersuchung der Zusammenhänge beim Einmassenschwinger wird deutlich, dass wir erwarten können, aus dem Frequenzgang bzw. der Impulsantwort auch die modalen Parameter, nämlich Eigenfrequenzen und modale Dämpfungen zu erhalten. Es stellt sich daher die Frage, wie sich diese Überlegungen auf Systeme mit mehreren Freiheitsgraden übertragen lassen.

1.1.4 Systeme mit mehreren Freiheitsgraden

Für Systeme mit mehreren Freiheitsgraden (multiple degree of freedom, MDOF) lässt sich ein physikalisches Modell in der folgenden Form aufstellen:

$$\boldsymbol{M}\frac{\partial^2}{\partial t^2}\boldsymbol{x}(t) + \boldsymbol{C}\frac{\partial}{\partial t}\boldsymbol{x}(t) + \boldsymbol{K}\boldsymbol{x}(t) = \boldsymbol{f}(t). \tag{1.19}$$

Die Auslenkungen (und gegebenenfalls andere physikalische Größen wie Drehwinkel oder Schalldruck) an einzelnen Orten sind als Freiheitsgrade im Vektor $\boldsymbol{x}$ zusammengefasst, die zugehörigen Kräfte oder anderen Anregungsgrößen im Vektor $\boldsymbol{f}$. Die Matrizen $\boldsymbol{M}$, $\boldsymbol{C}$ und $\boldsymbol{K}$ sind die Massen-, die Dämpfungs- und die Steifigkeitsmatrix. Diese Matrizen sind alle symmetrisch und enthalten die Elemente, aus denen das System zusammengesetzt ist. Sie spiegeln wider, wie die einzelnen Elemente des Systems miteinander wechselwirken. Für N Freiheitsgrade haben die Matrizen die Dimension $N \times N$.

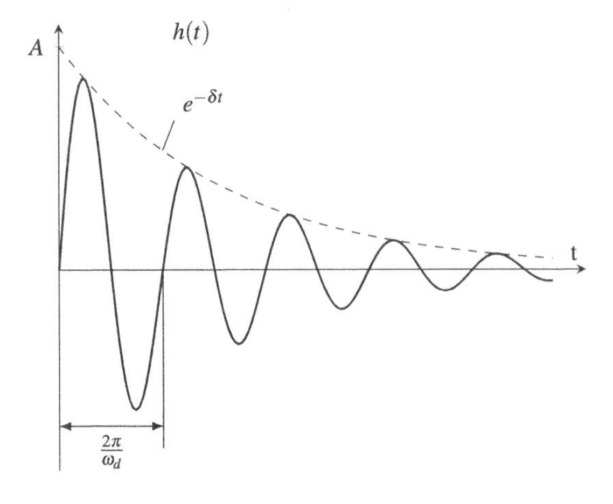

Abb. 1.7 Impulsantwort eines Einmassenschwingers

Wie zuvor beim Einmassenschwinger kann das Differentialgleichungssystem (1.19) Fourier-transformiert werden:

$$\left(-\omega^2 \boldsymbol{M} + j\omega \boldsymbol{C} + \boldsymbol{K}\right) \boldsymbol{X}(\omega) = \boldsymbol{F}(\omega). \quad (1.20)$$

Aus dem Vergleich mit (1.10) und (1.11) kann geschlussfolgert werden, dass die zur Summe im Klammerausdruck inverse Matrix die Frequenzgänge enthält, die zwischen der Anregung im Freiheitsgrad m und der Antwort im Freiheitsgrad n zu beobachten sind:

$$\begin{aligned} \boldsymbol{X}(\omega) &= \boldsymbol{H}(\omega)\boldsymbol{F}(\omega), \\ \boldsymbol{H}(\omega) &= \left(-\omega^2 \boldsymbol{M} + j\omega \boldsymbol{C} + \boldsymbol{K}\right)^{-1}. \end{aligned} \quad (1.21)$$

Für die weitere Analyse des Problems soll zunächst die homogene Form von (1.20) unter zusätzlicher Vernachlässigung der Dämpfung betrachtet werden:

$$\left(\boldsymbol{K} - \omega^2 \boldsymbol{M}\right) \boldsymbol{X}(\omega) = 0. \quad (1.22)$$

Nicht triviale Lösungen für $\boldsymbol{X}$ lassen sich aus der Lösung des zugehörigen Eigenwertproblems erhalten. Für N Freiheitsgrade ergeben sich daraus N verschiedene Eigenfrequenzen ω_n und entsprechend die zugehörigen Eigenvektoren Ψ_n. Die Eigenvektoren beschreiben die zu einer Eigenfrequenz gehörende Eigenschwingform (mode shape) des Systems. Während die Eigenfrequenzen eindeutig sind, trifft das für die Eigenvektoren nicht zu. Zu jeder Eigenfrequenz gibt es unendlich viele Eigenvektoren, die sich alle nur durch einen Faktor unterscheiden. Dementsprechend kann durch die Wahl dieses Faktors eine Skalierung des Eigenvektors erfolgen.

Für die aus Eigenvektoren aller Eigenfrequenzen gebildete $N \times N$ Matrix $\boldsymbol{\Psi}$ kann wegen der Symmetrie von $\boldsymbol{M}$ und $\boldsymbol{K}$ gezeigt werden, dass die sich aus

$$\boldsymbol{M}_D = \boldsymbol{\Psi}^T \boldsymbol{M} \boldsymbol{\Psi} \quad \text{und} \quad \boldsymbol{K}_D = \boldsymbol{\Psi}^T \boldsymbol{K} \boldsymbol{\Psi} \quad (1.23)$$

ergebenden modalen Masse- und Steifigkeitsmatrizen Diagonalmatrizen sind. Wegen der beliebig möglichen Skalierungsfaktoren sind die Elemente m_n und k_n (modale Massen und Steifigkeiten) auf der Hauptdiagonale dieser Matrizen nicht eindeutig. Es gilt aber in jedem Fall, dass sie die jeweilige Eigenfrequenz bestimmen:

$$\omega_{0,n}^2 = \frac{k_n}{m_n}. \quad (1.24)$$

Warum das so ist, wird deutlich, wenn die Auslenkungen des physikalischen Modells mit

$$\boldsymbol{X}(\omega) = \boldsymbol{\Psi} \boldsymbol{X}_m(\omega) \quad (1.25)$$

in die Auslenkungen $\boldsymbol{X}_m$ der einzelnen Einmassenschwinger, also in modale Koordinaten, transformiert werden. Durch Multiplikation mit $\boldsymbol{\Psi}^T$ wird dann aus dem Differentialgleichungssystem (1.20) ein System entkoppelter Gleichungen:

$$\boldsymbol{\Psi}^T \left(-\omega^2 \boldsymbol{M} + j\omega \boldsymbol{C} + \boldsymbol{K}\right) \boldsymbol{\Psi} \boldsymbol{X}_m(\omega) = \boldsymbol{\Psi}^T \boldsymbol{F}(\omega)$$

und damit (1.26)

$$\left(-\omega^2 \boldsymbol{M}_D + j\omega \boldsymbol{C}_D + \boldsymbol{K}_D\right) \boldsymbol{X}_m(\omega) = \boldsymbol{\Psi}^T \boldsymbol{F}(\omega). \quad (1.27)$$

Hier wurde die schon vorher eingeführte Annahme eines bestimmten Dämpfungsverhaltens benutzt. Sie erlaubt für die Dämpfungsmatrix die gleichen Schlussfolgerungen wie für die anderen Matrizen in (1.23), so dass $\omega \boldsymbol{C} = \eta \boldsymbol{K}$ gilt. Eine einzelne Gleichung aus (1.27) entspricht der Gleichung für den Einmassenschwinger (1.14) , nur dass die modale Masse, Steifigkeit und Dämpfung verwendet werden. Deshalb ergeben sich hier insgesamt auch die gleichen Eigenfrequenzen.

Aus den Überlegungen zum Frequenzgang in (1.21) sowie (1.25) und (1.27) ergibt sich die Frequenzgangmatrix zu

$$\boldsymbol{H}(\omega) = \boldsymbol{\Psi} \left(-\omega^2 \boldsymbol{M}_D + j\omega \boldsymbol{C}_D + \boldsymbol{K}_D\right)^{-1} \boldsymbol{\Psi}^T. \quad (1.28)$$

Anders als in (1.21) ist es jetzt aber kein Problem mehr, die Inverse der Matrix zu berechnen, weil es sich um eine Diagonalmatrix handelt. Ein Element der Frequenzgangmatrix (Zeile n, Spalte m) ist dann:

$$\underline{H}_{nm}(\omega) = \sum_{i=1}^{N} \frac{\Psi_{ni}\Psi_{im}}{-\omega^2 m_i + j\omega c_i + k_i} \quad (1.29)$$

und gibt den Frequenzgang für Anregung am Freiheitsgrad n und Empfang am Freiheitsgrad m wider. Der Vergleich mit (1.11) zeigt, dass es sich um die Summe der Frequenzgänge mehrere Einmassenschwinger handelt. Durch die Wahl eines geeigneten Skalierungsfaktors für die Eigenvektoren kann erreicht werden, dass $m_i = 1$ und $k_i = \omega_{0,i}^2$ ist. Die Frequenzgänge können dann auch als

$$\underline{H}_{nm}(\omega) = \sum_{i=1}^{N} \frac{\Phi_{ni}\Phi_{im}}{(1 + j\eta)\omega_{0,i}^2 - \omega^2} \quad (1.30)$$

geschrieben werden. Φ sind hier die Elemente der skalierten Matrix der Eigenvektoren.

Es zeigt sich, dass sämtliche modalen Parameter zu dem Frequenzgang beitragen und sich demzufolge auch aus dem Frequenzgang bestimmen lassen müssten. Sind alle Frequenzgänge in einer Spalte von $\boldsymbol{H}(\omega)$ bekannt, lassen sich auch die Eigenschwingformen, also $\boldsymbol{\Phi}$ ermitteln. Zur Bestimmung einer Spalte von $\boldsymbol{H}(\omega)$ muss an einem Freiheitsgrad angeregt und die Antwort an allen anderen Freiheitsgraden ermittelt werden. Durch Vertauschen von n und m in (1.30) lässt sich leicht erkennen, dass $\underline{H}_{nm} = \underline{H}_{nm}$ und somit $\boldsymbol{H}(\omega)$ symmetrisch ist. Deshalb gilt das Gleiche auch, wenn eine Zeile von $\boldsymbol{H}(\omega)$ bestimmt wird. Für eine Zeile ist die Antwort an einem Freiheitsgrad für jeweils die Anregung an allen anderen nötig.

1.2 Verfahren zur Bestimmung modaler Parameter

Wie bereits festgestellt, enthalten die Frequenzgänge in einer Spalte oder Zeile von $\boldsymbol{H}(\omega)$ alle Informationen, die zur Bestimmung der modalen Parameter nötig sind. Um die modalen Parameter zu bestimmen, müssen demzufolge zwei Aufgaben gelöst werden. Zuerst müssen die Frequenzgänge in einer Messung bestimmt werden. Anschließend müssen die Parameter aus den Frequenzgängen extrahiert werden.

1.2.1 Bestimmung von Frequenzgängen bei der experimentellen Modalanalyse

Zur Bestimmung der Frequenzgänge in $\boldsymbol{H}(\omega)$ müssen zunächst die Freiheitsgrade definiert werden, die in der Analyse Berücksichtigung finden sollen. Welche das sind, hängt von der Art des untersuchten Systems ab. Generell gilt, dass die Orte im System gut verteilt sein müssen und dass für Moden höherer Ordnung ausreichend viele Freiheitsgrade verwendet werden müssen. Während theoretisch N Freiheitsgrade die Identifikation von N Moden zulassen, werden bei der praktischen Anwendung in der Regel deutlich mehr Freiheitsgrade benötigt. Das ist insbesondere dann der Fall, wenn die Eigenformen gut abgebildet werden sollen.

Bei die Durchführung der Messung kann entweder eine Zeile oder eine Spalte von $\boldsymbol{H}(\omega)$ gemessen werden. Die Messung einer Zeile bedeutet, dass der Anregungsort nicht wechselt, während die Antwort an verschiedenen Orten bzw. Freiheitsgraden ermittelt wird. Dazu kann für Körperschall ein Schwingerreger (Shaker) an die Struktur gekoppelt werden. Für Luftschall kann ein ortsfester Lautsprecher verwendet werden. Für die Messung der Antwort muss ein Sensor (Beschleunigungsaufnehmer, Mikrofon o. a.) nacheinander an verschiedenen Orten platziert werden. Ebenso ist es möglich, viele Sensoren gleichzeitig zu verwenden.

Für die Messung einer Spalte von $\boldsymbol{H}(\omega)$ wird nur ein Sensor benötigt. Die Anregung findet nacheinander an verschiedenen Orten statt. Die Verwendung eines Schwingerregers ist dann nicht sehr komfortabel. Deshalb wird ein spezieller Hammer (Impulshammer, Modalhammer) verwendet, mit dem die Struktur an verschiedenen

Orten angeschlagen wird. In der Spitze des Hammers befindet sich ein Kraftaufnehmer, der die beim Schlag eingespeiste Kraft misst. Eine weitere Möglichkeit bietet die plötzliche Entlastung von einer statischen Kraft beispielsweise durch Kappen einer an der Struktur befestigten gespannten Leine.

Zur Anregung können verschiedene Signale eingesetzt werden. Bei Anregung mit Schwingerreger können die Signale aus einer Vielzahl möglicher synthetisch erzeugter Signale ausgewählt werden. Dazu zählen stochastische Signale (Rauschen), aber auch deterministische Signale (Sinus mit verschiedenen Frequenzen, sich periodisch wiederholende breitbandige Signale). Die Auswahl hängt von den zu erwartenden Mess- und Analysefehlern ab. Einige Möglichkeiten sind in Tab. 1.1 zusammengestellt.

Bei der Anregung mit einem Hammer wird ein Impuls erzeugt. Wegen der beim Aufschlag des Hammers stets vorhandenen elastischen Verformungen von Hammer und Kontaktstelle ist dieser Impuls nicht ideal, sondern hat eine endliche Dauer, während der die Kraft zuerst ansteigt und danach wieder abfällt. Diese Anregung führt zum einem Spektrum der anregenden Kraft, das zu hohen Frequenzen hin abfällt. Je weicher die Hammerspitze und die Struktur, desto weniger werden hohe Frequenzen angeregt. Dieser Sachverhalt ist in Abb. 1.8 dargestellt.

Je schwerer der Hammer, desto höher ist die Energie, mit der die Struktur angeregt wird. Für leichte Strukturen ist daher die Anregung mit einem Hammer geringer Masse und harter Spitze geeignet, für schwerere Strukturen muss ein schwerer Hammer verwendet werden, weil sonst keine ausreichende Signalamplitude an den Sensoren möglich ist. Um ein nichtlineares Verhalten im Kontaktpunkt zu vermeiden und die Struktur nicht zu beschädigen, muss dann oft eine weichere Hammerspitze verwendet werden und ein begrenzter Frequenzbereich in Kauf genommen werden.

1.2.2 Extraktion modaler Parameter aus Frequenzgängen

Ausgangspunkt für die Extraktion modaler Parameter aus gemessenen Frequenzgängen ist die sich aus dem modalen Modell ergebende Darstellung des Frequenzgangs nach (1.29) bzw. (1.30). Die dort auftretende Summe kann auch als

$$\underline{H}_{nm}(\omega) = \frac{\Phi_{nk}\Phi_{km}}{(1+j\eta)\omega_{0,k}^2 - \omega^2} + \sum_{\substack{i=1\\ i\neq k}}^{N} \frac{\Phi_{ni}\Phi_{im}}{(1+j\eta)\omega_{0,i}^2 - \omega^2} = \frac{\Phi_{nk}\Phi_{km}}{(1+j\eta)\omega_{0,k}^2 - \omega^2} + \underline{B}_{nm,k} \quad (1.31)$$

dargestellt werden. Eine für die ersten Moden oft zutreffende Annahme ist, dass in der Umgebung der jeweiligen k-ten Eigenfrequenz $\omega_{0,k}$ der Frequenzgang von dem ersten Term in (1.31) domi-

Tab. 1.1 Einige mögliche Anregungen bei der experimentellen Modalanalyse und ihre Eigenschaften

Signal	Eigenschaften
Sinus, nacheinander bei Frequenzen, die ganzzahlige Vielfache der FFT-Auflösung sind	Determinististisches Signal, kein Fenster nötig, geringe Leakage-Effekte, hohes Signal-Rausch-Verhältnis, lange Messzeit, Nichtlinearitäten können untersucht werden
Rauschen	Stochastisches Signal, Fenster nötig, Leakage-Effekte vorhanden, mittleres Signal-Rausch-Verhältnis, mittlere Messzeit
Impuls	Deterministisches Signal (aber: Amplitude schlecht einstellbar), Exponentialfenster oft sinnvoll, geringe Leakage-Effekte, geringes Signal-Rausch-Verhältnis, sehr kurze Messzeit
Entlastung	Deterministisches Signal, geringe Leakage-Effekte, sehr geringes Signal-Rausch-Verhältnis, sehr kurze Messzeit

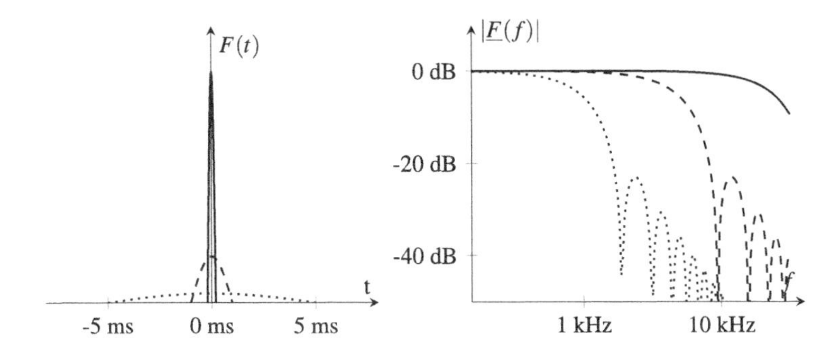

Abb. 1.8 Kraft-Zeit-Verlauf und Betrag der Fouriertransformierten der Kraft für eine ___ harte, _ _ mittelharte und .... weiche Hammerspitze

niert wird [5]. Ist der zweite Term $\underline{B}_{nm,k}$ dann in der Umgebung von $\omega_{0,k}$ näherungsweise konstant, genügt es, den ersten Term zu betrachten. Das ist äquivalent zur Betrachtung eines Systems mit einem Freiheitsgrad. Der Einfluss der anderen Moden kann in diesem Frequenzbereich vernachlässigt werden. Liegt diese Annahme bei der Extraktion zu Grunde, handelt es sich um ein SDOF-Verfahren.

Andererseits kann nicht immer und in jeder Situation vorausgesetzt werden, dass eine solche Trennung der Moden im Frequenzgang möglich ist. Dann muss mit dem vollständigen Modell ohne Vereinfachungen gerechnet werden. Diese aufwändigeren Verfahren bilden die Gruppe der MDOF-Verfahren.

Insbesondere für die Anwendung von SDOF-Verfahren ist es nötig, die Eigenfrequenzen zu kennen. In der unmittelbaren Nähe der Eigenfrequenz hat der Amplitudengang des Einmassenschwingers ein Maximum (siehe Abb. 1.6). Es könnte also davon ausgegangen werden, dass das auch bei einem System mit mehreren Freiheitsgraden zutrifft. Das ist jedoch für einen bestimmten Amplitudengang nur dann der Fall, wenn das zugehörigen Element der Eigenformen $\Phi_{nk}\Phi_{km}$, also der Zähler in (1.31), nicht gerade sehr klein oder sogar null ist. In einem solchen Fall dominieren die Einflüsse anderer Moden. Deshalb ist es nicht möglich, aus einem einzelnen Frequenzgang alle Eigenfrequenzen anhand der Maxima zu bestimmen.

Da sich der Einfluss einer Mode und zugehörigen Eigenfrequenz stets in mehreren Frequenzgängen findet, können diese so zu einer Indikatorfunktion kombiniert werden, dass alle Eigenfrequenzen identifiziert werden können. Eine solche Indikatorfunktion (mode indicator function, MIF, [6]) kann auf verschiedene Weise berechnet werden. Die einfachste Möglichkeit ist, alle Amplitudengänge $|\underline{H}_i(\omega)|$ oder auch einfach die Imaginärteile aller Frequenzgänge zu addieren. Die lokalen Maxima dieser Funktion wären dann Hinweise auf Eigenfrequenzen.

Eine weitere Möglichkeit ist die „mode indicator function 1“

$$MIF_1(\omega) = \frac{\sum_{i=1}^{N} \mathrm{Re}(\underline{H}_i(\omega))^2}{\sum_{i=1}^{N} |\underline{H}_i(\omega)|^2}, \qquad (1.32)$$

wo die Summe über alle vorhandenen Frequenzgänge gebildet wird, unabhängig davon ob sie zu einer Spalte oder Zeile von $\boldsymbol{H}(\omega)$ gehören. Vorausgesetzt wird, dass es sich bei den Frequenzgängen um solche handelt, bei den als Systemeingang eine Kraft und als Systemausgang eine Auslenkung oder Beschleunigung gemessen wird. Für eine Schnelle am Ausgang ist der Realteil in (1.32) durch den Imaginärteil zu ersetzen. Grundgedanke bei dieser Variante der MIF ist, dass in der Umgebung von Eigenfrequenzen die Frequenzgänge von ihren Imaginärteilen dominiert werden. Demzufolge hat überall dort die Indikatorfunktion ein lokales Minimum und ist sonst etwa gleich eins, weil der Realteil dominiert.

Wurden mehrere Spalten oder Zeilen der Matrix aller Frequenzgänge gemessen, können auch mehrere MIF gleichzeitig ermittelt werden. Dabei zeigen Minima bzw. Maxima der ersten MIF sämtliche Eigenfrequenzen an. Das Vorhandensein von Minima bzw. Maxima der zweiten und weiterer MIF bei den gleichen Frequenzen bedeutet weitere Moden bei der gleichen Eigenfrequenz. Diese haben dann andere Eigenformen. Für das Beispiel der multivariate mode indicator function MvMIF [9] wird das verallgemeinerte Eigenwertproblem

$$\boldsymbol{H}_R^T(\omega)\boldsymbol{H}_R(\omega)\boldsymbol{F}(\omega) = \lambda_i(\omega)\left(\boldsymbol{H}_R^T(\omega)\boldsymbol{H}_R(\omega) + \boldsymbol{H}_I^T(\omega)\boldsymbol{H}_I(\omega)\right)\boldsymbol{F}(\omega) \tag{1.33}$$

für jede Frequenz gelöst. $\boldsymbol{H}_R$ und $\boldsymbol{H}_I$ sind Real- und Imaginärteile der komplexwertigen Matrix der gemessenen Frequenzgänge $\boldsymbol{H}$. Hier wurde angenommen, dass an mehreren Freiheitsgraden angeregt und an allen Freiheitsgraden die Antwort ermittelt wurde. Die Matrix hat demzufolge mehr Spalten als Zeilen. Die Eigenwerte λ_i ergeben der Größe nach geordnet die $MvMIF_i$, die dann von der Frequenz abhängen. Sie nehmen jeweils Werte zwischen 1 und 0 an. Minima dieser Funktionen sind Indikatoren für Eigenfrequenzen.

Eine sehr elegante Form der Analyse ergibt sich durch die Bestimmung der Singulärwertzerlegung der Matrix der Frequenzgänge:

$$\boldsymbol{H}(\omega) = \boldsymbol{U}(\omega)\boldsymbol{\Sigma}(\omega)\boldsymbol{V}(\omega)^H. \tag{1.34}$$

Dabei enthält die rechteckige Diagonalmatrix $\boldsymbol{\Sigma}$ die Singulärwerte σ_i und die unitäre Matrix $\boldsymbol{U}$ enthält in den Spalten die linksseitigen Singulärvektoren $\boldsymbol{u}_i$. Werden diese Matrizen für jede Frequenz bestimmt, können die Singulärwerte dann der Größe nach geordnet und die „complex mode indicator function“ CMIF [7] berechnet werden:

$$CMIF_i = \sigma_i^2. \tag{1.35}$$

Die Maxima der $CMIF_1$ zeigen Eigenfrequenzen an. Maxima der weiteren $CMIF_i$ bei den gleichen Frequenzen weisen auf weitere Moden bei der gleichen Frequenz hin. Die jeweils zugehörigen linksseitigen Singulärvektoren $\boldsymbol{u}_i$ enthalten die unskalierten Eigenformen der Moden. Somit können durch die Singulärwertzerlegung gleichzeitig Eigenfrequenzen und Eigenformen bestimmt werden.

1.2.2.1 SDOF-Amplituden-Fit-Verfahren

Das Amplituden-Fit-Verfahren geht vom Amplitudengang in der Nähe einer zuvor identifizierten Eigenfrequenz aus. Die typische Gestalt der Resonanzkurve zeigt das Maximum bei der Resonanzfrequenz ω_r, mit der die Eigenfrequenz gut angenähert werden kann. Außerdem wird der Amplitudengang von der Dämpfung bestimmt, wo das Resonanzmaximum umso „schmaler“ ausfällt, je geringer die Dämpfung ist. Die Breite des Maximums lässt sich messen, indem die Frequenzen

$$\omega_{1,2}^2 = \omega_r \pm 2\sqrt{\delta^2\omega_0^2 - \delta^4} \tag{1.36}$$

bestimmt werden, bei denen der Amplitudengang um den Faktor $\frac{1}{\sqrt{2}}$ (entspricht -3 dB) unter seinem maximalen Wert (bei ω_r) liegt (siehe Abb. 1.9).

Aus der Differenz dieser beiden Frequenzen kann die Breite der Resonanzkurve und die Dämpfung bestimmt werden:

$$\omega_2^2 - \omega_1^2 = 4\sqrt{\delta^2\omega_0^2 - \delta^4} \quad \text{bzw.} \tag{1.37}$$

$$\omega_2 - \omega_1 \approx 2\delta \tag{1.38}$$

Die Näherung gilt für den Fall, dass $\delta^2 \ll \omega_0^2$, womit dann auch $\omega_1 + \omega_2 \approx 2\omega_0$ gilt. Für den Eigenverlustfaktor gilt in der Umgebung der Resonanzfrequenz

$$\eta = \frac{2\delta}{\omega_r} \approx \frac{\omega_2 - \omega_1}{\omega_r}. \tag{1.39}$$

Im Ergebnis der Anwendung des Amplituden-Fit-Verfahrens ergeben sich die Eigenfrequenzen und zugehörigen Dämpfungen. Die Eigenformen lassen sich dann direkt aus den Frequenzgängen $\underline{H}_i(\omega_0, n)$ in einer Zeile oder Spalte von $\boldsymbol{H}(\omega)$ ablesen, wenn die Werte bei einer Eigenfrequenz verwendet werden.

1.2.2.2 SDOF-Circle-Fit-Verfahren

Beim Circle-Fit-Verfahren wird die von Real- und Imaginärteil von $\underline{H}(\omega)$ gebildete, frequenzabhängige Ortskurve (Nyquist-Diagramm) betrachtet [10]. Für ein SDOF-System und eine

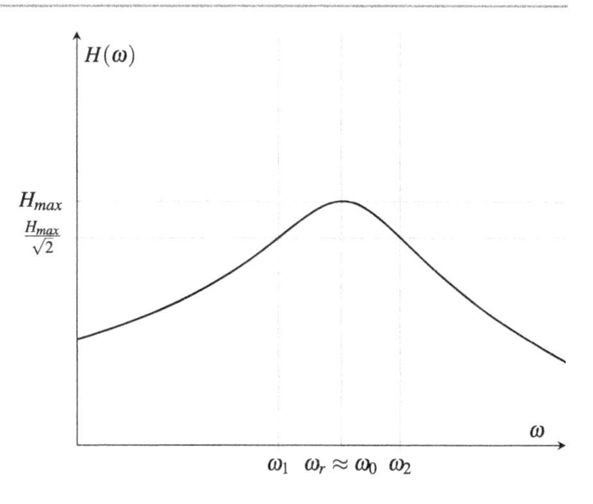

Abb. 1.9 Frequenzen beim Amplituden-Fit-Verfahren anhand des Amplitudengangs eines idealen Einmassenschwingers

Kraft-Auslenkung-Übertragungsfunktion ergibt sich ein Kreis:

$$\operatorname{Re}\left(j\omega\underline{H}(\omega) - \frac{1}{2c}\right)^2 + \operatorname{Im}\left(j\omega\underline{H}(\omega)\right)^2 = \left(\frac{1}{2c}\right)^2, \tag{1.40}$$

aus dessen Radius die Dämpfung c bestimmt werden kann. Ähnliche Überlegungen sind für Kraft-Schnelle-Übertragungsfunktionen (an Stelle von $j\omega\underline{H}$ zuverwenden) und andere Dämpfungsmodelle möglich. Für ein Dämpfungsmodell mit konstantem Verlustfaktor ergibt sich so:

$$\operatorname{Re}\left(j\omega\underline{H}(\omega)\right)^2 + \operatorname{Im}\left(j\omega\underline{H}(\omega) + \frac{1}{2\eta\omega_0^2}\right)^2 = \left(\frac{1}{2\eta\omega_0^2}\right)^2. \tag{1.41}$$

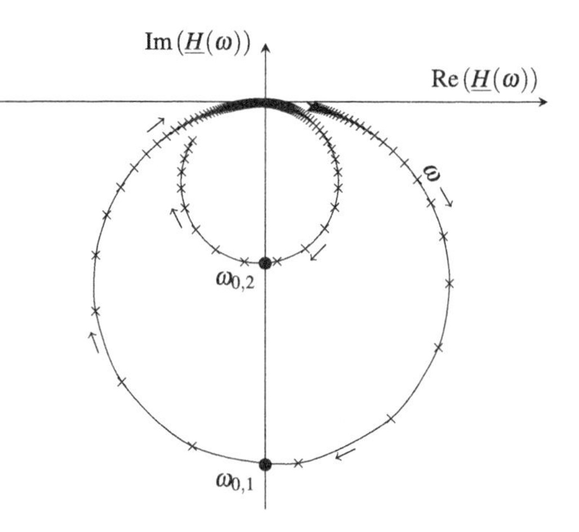

Abb. 1.10 Ortskurve für ein System mit zwei Freiheitsgraden und konstantem Verlustfaktor – für jede Eigenfrequenz $\omega_{0,i}$ ist ein Kreis erkennbar. Markierungen auf der Kurve kennzeichnen gleich große Frequenzintervalle

Auch hier ist der Radius des Kreises von der Dämpfung, aber auch von der (nicht von vornherein bekannten) Eigenfrequenz abhängig. Bei Änderung der Frequenz wird die Ortskurve wird in der Umgebung der Eigenfrequenzen am schnellsten durchlaufen. Dies ist in Abb. 1.10 anhand der Markierungen auf der Kurve gut erkennbar. Dieser Umstand kann genutzt werden, um die Eigenfrequenzen zu bestimmen.

Bei der praktischen Anwendung auf Systeme mit mehreren Freiheitsgraden wird nur ein Teil der Ortskurve in der Nähe einer Resonanzfrequenz verwendet, um mit Hilfe numerischer Anpassungsverfahren („Fit") den Radius und Mittelpunkt eines Kreises zu bestimmen, der diesen Teil der Ortskurve gut abbildet. Dabei wird durch das Glied $\underline{B}_{nm,k}$ in (1.31) der Mittelpunkt des Kreises etwas verschoben. Soll die Dämpfung in Form von δ oder η bestimmt werden, muss der Kreis noch genauer untersucht und das Verhältnis von Real- und Imaginärteil in der Ortskurve für verschiedene Frequenzen bestimmt werden. Wir haben schon vorher gesehen, dass bei ω_0 der Realteil von $\underline{H}$ beim Einmassenschwinger verschwindet bzw. unter der oben definierten SDOF-Annahme sehr klein und nur von $\underline{B}_{nm,k}$ bestimmt wird. Für den kreisförmigen Teil der Ortskurve bedeutet dies, dass der Kreuzungspunkt der Ortskurve mit der imaginären Achse eine erste Näherung für die Eigenfrequenz ergibt, die dann noch durch die oben erwähnte Betrachtung der Abstände der Orte für konstante Frequenzintervalle verbessert werden kann.

Ist ω_0 und der „Radius“ des Kreises $\left(1/2\eta\omega_0^2\right)^2$ bekannt, kann prinzipiell auch der Verlustfaktor η bestimmt werden. Allerdings wirken sich schon kleine Abweichungen bei ω_0 deutlich auf das Ergebnis aus. Deshalb erweist sich eine andere Überlegung als besser geeignet, den Verlustfaktor zu ermitteln. Dazu werden auf dem Kreis zwei Orte näher untersucht, die zu den Frequenzen ω_a und ω_b gehören. Dabei ist ω_a größer und ω_b kleiner als die Eigenfrequenz ω_0. Ähnlich wie beim Amplituden-Fit-Verfahren hängt der Unterschied in der Lage der Orte mit der Dämpfung zusammen.

Zur Darstellung dieses Zusammenhanges werden die Winkel θ_a und θ_b definiert, die auf dem Kreis jeweils zwischen einem der Orte und dem Ort der Eigenfrequenz ω_0 liegen (Abb. 1.11). Es stellt sich heraus, dass sich die Halben dieser Winkel durch die Verhältnisse von Real- und Imaginärteil von $\underline{H}(\omega)$ ausdrücken lassen, so dass letztendlich

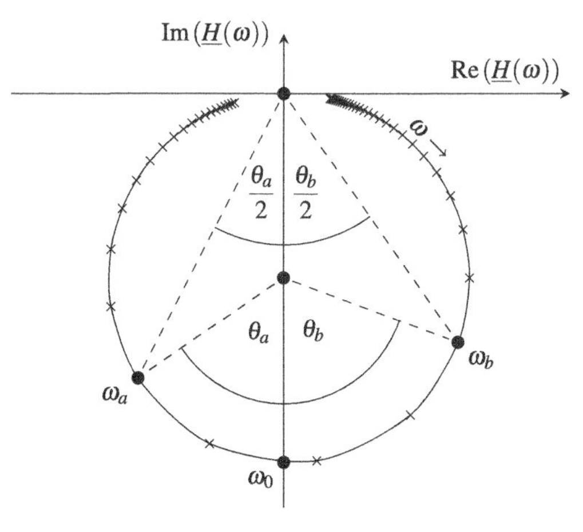

Abb. 1.11 Ortskurve für einen Freiheitsgrad mit den Orten der Eigenfrequenz ω_0 sowie weiterer Frequenzen ω_a und ω_b

$$\tan\left(\frac{\theta_a}{2}\right) = \frac{\frac{\omega_a^2}{\omega_0^2} - 1}{\eta} \quad \text{sowie} \quad \tan\left(\frac{\theta_b}{2}\right) = \frac{1 - \frac{\omega_b^2}{\omega_0^2}}{\eta} \tag{1.42}$$

gilt. Damit kann der Eigenverlustfaktor ermittelt werden:

$$\begin{aligned}\eta &= \frac{\omega_a^2 - \omega_b^2}{\omega_0^2\left(\tan\left(\frac{\theta_a}{2}\right) + \tan\left(\frac{\theta_b}{2}\right)\right)} \\ &\approx \frac{2\left(\omega_a - \omega_b\right)}{\omega_0\left(\tan\left(\frac{\theta_a}{2}\right) + \tan\left(\frac{\theta_b}{2}\right)\right)}.\end{aligned} \tag{1.43}$$

Die Näherung gilt dabei für den Fall, dass der Eigenverlustfaktor klein ist (ca. 3 % oder weniger). Der Eigenverlustfaktor kann für verschiedene Paarungen ω_a, ω_b bestimmt werden. Bei der praktischen Anwendung liegt der Kreis wegen des Einflusses der anderen Eigenfrequenzen mit dem Mittelpunkt nicht genau auf der imaginären Achse, so dass sich leichte Unterschiede ergeben können.

Für den Spezialfall, dass $\theta_a = \theta_b = 90°$gewählt wird, ergibt sich ein einfacher Zusammenhang:

$$\eta = \frac{\omega_a^2 - \omega_b^2}{2\omega_0^2} \approx \frac{\omega_a - \omega_b}{\omega_0}. \tag{1.44}$$

Dieser entspricht genau der schon beim Amplituden-Fit-Verfahren verwendeten Gl. (1.39).

Insgesamt lässt sich die Vorgehensweise beim Circle-Fit-Verfahren so zusammenfassen, dass nach einer ersten Abschätzung für die Eigenfrequenz einige Punkte in der Umgebung ausgewählt werden und dann die numerische Anpassung einer Kreisgleichung erfolgt. Dies muss gegebenenfalls solange wiederholt werden, bis die Anpassung (Circle-Fit) eine gute Qualität hat, also einen kleinen Fehler aufweist. Anschließend werden anhand der erläuterten Zusammenhänge ein genauerer Wert für die Eigenfrequenz sowie Werte für die Dämpfung bestimmt und unter Umständen auch gemittelt. Schließlich erlaubt der angepasste Kreis auch die Bestimmung des Betrages der Faktoren $\Phi_{nk}\Phi_{km}$

aus (1.31) anhand der Länge des Ortsvektors für $\omega = \omega_0$. Damit kann dann der Frequenzgang aus den einzelnen Ergebnissen für die Eigenfrequenzen zusammengesetzt und mit dem gemessenen verglichen werden.

1.2.2.3 MDOF-Verfahren

Es gibt zahlreiche Verfahren, die auf der Grundlage der bisher dargestellten Theorie entweder aus den Frequenzgängen oder auch aus den zugehörigen Impulsantworten die modalen Parameter bestimmen. Dabei ist eine Möglichkeit, aus einem einzelnen Frequenzgang oder einer Impulsantwort gleichzeitig mehrere Eigenfrequenzen und Dämpfungen zu bestimmen und die erhaltenen Ergebnisse anhand weiterer Frequenzgänge oder Impulsantworten zu verbessern. Auf diese Weise können auch die Eigenformen bestimmt werden. Eine weitere Möglichkeit ist, mehrere Frequenzgänge oder Impulsantworten gemeinsam zu betrachten. Die Parameter des modalen Modells werden dann so angepasst, dass die sich aus dem Modell ergebenden Frequenzgänge oder Impulsantworten möglichst gut den gemessenen entsprechen.

Grundlage für einige Verfahren, die mit einem vollständigeren modalen Modell arbeiten, ist die Darstellung des Frequenzgangs als Quotient zweier Polynome. Aus der Summe in (1.30) wird durch Ausmultiplizieren ein Polynombruch:

$$\underline{H}_{nm}(\omega) = \frac{\sum_{i=0}^{M} \underline{\beta}_i \omega^{2i}}{\sum_{i=0}^{N} \underline{\alpha}_i \omega^{2i}} \tag{1.45}$$

und an Stelle der modalen Parameter treten jetzt die unbekannten Koeffizienten $\underline{\alpha}_i$ und $\underline{\beta}_i$. Wird dieser Polynombruch für viele verschiedene Frequenzen ω_k aufgeschrieben, ergibt sich ein Gleichungssystem:

$$\sum_{i=0}^{N} \underline{\alpha}_i \omega_k^{2i} \underline{H}_{nm}(\omega_k) = \sum_{i=0}^{M} \underline{\beta}_i \omega_k^{2i}. \tag{1.46}$$

Wegen der Skalierbarkeit der Eigenschwingformen kann eine der $M + N + 2$ Unbekannten frei gewählt werden, so dass nur $N + M + 1$ Unbekannte bestimmt werden müssen. Dazu sind im Gleichungssystem mindestens ebensoviele Gleichungen nötig. Das bedeutet, der Frequenzgang muss für $N + M + 1$ verschiedene Frequenzen bekannt sein. Bei der praktischen Anwendung sind meist noch viel mehr Frequenzen bekannt und es kann eine Näherungslösung für das Gleichungssystem mit Hilfe der Methode der kleinsten Quadrate ermittelt werden. Werden mehrere Frequenzgänge gleichzeitig betrachtet, sind α und β keine skalaren Koeffizienten mehr, sondern Matrizen.

Sind die Koeffizienten $\underline{\alpha}_i$ und $\underline{\beta}_i$ ermittelt, können daraus die modalen Parameter bestimmt werden. Dazu ist die Ermittlung der Nullstellen des Nennerpolynoms mit Hife numerischer Verfahren erforderlich. In gleicher Weise wie für den Frequenzgang dargestellt, lässt sich auch für die Impulsantwort oder die Impulsantworten ein Gleichungsystem aufstellen und lösen. Auch auf diese Weise lassen sich dann die modalen Parameter bestimmen.

Da die Anzahl vorhandener Moden N nicht von vornherein bekannt ist, muss auch diese im Verlauf des Prozesses bestimmt werden. Eine mögliche Vorgehensweise dazu ist, sie anhand einer Variante der MIF zu schätzen. Eine weitere Möglichkeit ist, die Berechnung der modalen Parameter für verschiedene N zu wiederholen. Dabei ergeben sich Eigenfrequenzen, die ab einem bestimmten N unverändert bleiben („stabil" sind), sowie solche, deren Wert von der Modenordnung N abhängt. Es zeigt sich, dass von einem bestimmten N an auch bei Erhöhung der Modenordnung die Anzahl stabiler Eigenfrequenzen im interessierenden Frequenzbereich nicht weiter ansteigt und die Ergebnisse für verschiedene Modenordnungen konsistent bleiben.

Da in der Praxis sowohl die Eingangsdaten fehlerbehaftet sind als auch die numerischen Verfahren für die Lösung des Gleichungssystems und die Nullstellensuche nicht beliebig genau sind, gibt es zahlreiche verschiedene Methoden für die Lösung des Gleichungssystems und der Bestimmung der modalen Parameter, die je nach Anwendungsfall zum Einsatz kommen. Eine Übersicht findet sich in [2]. Dort sind auch weitere Möglichkeiten beschrieben, die Konsistenz für verschiedene Modenordnungen zu überprüfen. Die Vorgehensweise lässt sich auch weitgehend automatisieren.

1.2.3 Überprüfung der Ergebnisse

Je nach Verfahren fließen in die Extraktion der modalen Parameter verschiedene Annahmen wie z. B. eine geringe Dämpfung oder die Anzahl der Eigenfrequenzen im betrachteten Frequenzbereich ein. Sind diese nicht zutreffend, kann es passieren, dass die Ergebnisse fehlerhaft sind. Eine Möglichkeit, die Qualität der Ergebnisse zu beurteilen, bietet der Vergleich von gemessenen Frequenzgängen $\underline{H}_{mn}(\omega)$ und aus den modalen Parametern synthetisierten Frequenzgängen $\hat{\underline{H}}_{mn}(\omega)$. Der Korrelationskoeffizient (Synthesis Correlation Coefficient) wird über alle Frequenzen im interessierenden Frequenzbereich zwischen ω_1 und ω_2 ermittelt:

$$\Gamma^2 = \frac{\sum_{\omega=\omega_1}^{\omega_2} \underline{H}_{mn}(\omega)\hat{\underline{H}}_{mn}^*(\omega) \sum_{\omega=\omega_1}^{\omega_2} \underline{H}_{mn}^*(\omega)\hat{\underline{H}}_{mn}(\omega)}{\sum_{\omega=\omega_1}^{\omega_2} \underline{H}_{mn}(\omega)\underline{H}_{mn}^*(\omega) \sum_{\omega=\omega_1}^{\omega_2} \hat{\underline{H}}_{mn}(\omega)\hat{\underline{H}}_{mn}^*(\omega)}. \tag{1.47}$$

Bei einer perfekten Übereinstimmung ist Γ^2 gleich 1. Ein Wert in der Nähe von 1 bedeutet in der Praxis eine gute Qualität der Ergebnisse. Die Aussagekraft kann noch dadurch erhöht werden, in dem ein Frequenzgang verwendet wird, der zwar gemessen, aber nicht für die Bestimmung der modalen Parameter verwendet wurde.

Eine weitere Möglichkeit der Überprüfung der Ergebnisse bietet die Überlegung, dass die Eigenformen (Eigenvektoren) Φ_n eines ungedämpften Systems orthogonal zueinander sind. Es gilt also:

$$\Phi_n^T \Phi_m \begin{cases} = 0 & , n \neq m \\ \neq 0 & , n = m \end{cases} \tag{1.48}$$

Für den praktischen Fall geringer Dämpfung gilt zumindest noch, dass das Produkt unterschiedlicher Eigenvektoren viel kleiner als das gleicher Eigenvektoren ist.

Daraus lässt sich ein Kriterium [1,3] ableiten, mit dem alle ermittelten Eigenformen paarweise verglichen werden können:

$$MAC = \frac{\left(\Phi_n^T \Phi_m\right)\left(\Phi_m^T \Phi_n\right)}{\left(\Phi_n^T \Phi_n\right)\left(\Phi_m^T \Phi_m\right)}. \tag{1.49}$$

Dieses „modal assurance criterion" (MAC) liegt zwischen den Werten 0 und 1. Für $n \neq m$ sollte es möglichst klein sein. Dann kann von einer guten Qualität der Ergebnisse ausgegangen werden. Ist das nicht der Fall, gibt das Kriterium einen Hinweis auf fehlerhafte Ergebnisse und die Messdaten sowie die Berechnungsprozedur sollten überprüft werden.

1.3 Beispiel für die Anwendung der experimentellen Modalanalyse

Die bisher erläuterten Zusammenhänge und Verfahren zur Bestimmung modaler Parameter sollen hier anhand eines einfachen Beispiels noch einmal ausführlich dargestellt werden. Untersuchungsgegenstand ist eine nominell quadratische Platte aus Aluminium mit einer Kantenlänge von 0,96 m. Die 5 mm dicke Platte ist auf einem umlaufenden Rahmen befestigt und durch eine Nut entlang des Umfangs wird näherungsweise eine gelenkige bzw. gestützte Lagerung erreicht. So lassen sich Eigenfrequenzen und Eigenformen anhand analytischer Berechnungen abschätzen. Das ist für andere Untersuchungsobjekte im Allgemeinem nicht der Fall, lässt sich für das Beispiel aber gut nutzen, um die erhaltenen Ergebnisse kritisch zu bewerten.

Nach [4] ergeben sich für eine gestützte quadratische Platte mit der Seitenlänge a die Eigenfrequenzen

$$f_{0,mn} = \sqrt{\frac{B'}{m''}} \frac{\pi}{2a^2} \left(m^2 + n^2\right) \qquad m, n \in N \tag{1.50}$$

und die zugehörigen Eigenformen

$$\Phi_{mn}(x, y) = \frac{\pi^2}{4a^2} \sin \frac{m\pi x}{a} \sin \frac{m\pi y}{a}. \tag{1.51}$$

Dabei ist $B' = Eh^3/12(1-\mu^2)$ die breitenbezogende Biegesteifigkeit und $m'' = \rho h$ die flächenbezogene Masse der Platte mit einer Dicke h und dem Elastizitätsmodul E, der Dichte ρ und der Querkontraktionszahl μ. Die natürlichen Zahlen m, n erlauben die Angabe einer Modenordnung.

Für die praktische Durchführung der experimentelle Modalanalyse müssen nun zunächst die zu untersuchenden Freiheitsgrade ausgewählt werden. Dazu sind zumindest plausible Vorstellungen von den die Eigenformen bestimmenden Bewegungen des Testobjekts, hier also der Platte, notwendig. Wir gehen hier zunächst davon aus, dass die Bewegung der Platte hauptsächlich von Auslenkungen senkrecht zur Plattenebene bestimmt wird. Demzufolge genügt es, wenn wir uns auf die entsprechenden Komponenten der Bewegung beschränken. Auch ohne die Kenntnis von (1.51) ist zudem die Annahme plausibel, dass die Eigenformen sich nicht nur auf die Auslenkung eines kleinen Teils der Plattenfläche beschränken. Damit erscheint es sinnvoll, die für die Analyse verwendeten Freiheitsgrade an verschiedenen Orten auf der gesamten Oberfläche der Platte zu betrachten. Die einfachste Möglichkeit, diese Orte festzulegen, sind die Kreuzungspunkte eines gleichmäßigen Gitters über die Platte. Mit einem Gitter mit einer Maschengröße von 12 cm ergeben sich 49 Freiheitsgrade (Abb. 1.12). Die Positionen auf dem Rand der Platte brauchen für das Beispiel nicht mit einbezogen werden, da dort ja ohnehin die Lagerung definiert ist und die Platte (theoretisch) keine Auslenkungen aufweisen kann.

Nach der Festlegung der Freiheitsgrade müssen nun die Frequenzgänge oder Impulsantworten ermittelt werden. Für 49 Freiheitsgrade werden nach den zuvor diskutierten Überlegungen mindestens 49 davon gebraucht. Dabei muss entweder die Auslenkung, Schnelle oder Beschleunigung an allen Freiheitsgraden für die Anregung an einem der Freiheitsgrade ermittelt werden, um eine Spalte der Matrix $\boldsymbol{H}(\omega)$ zu erhalten oder es wird für eine Zeile dieser Matrix nacheinander an

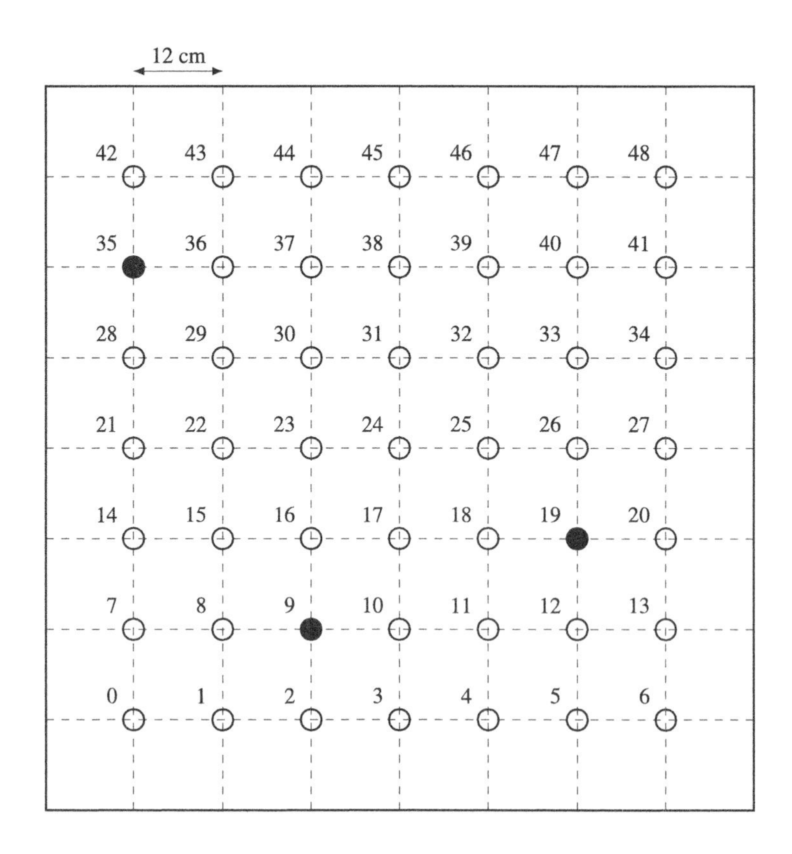

Abb. 1.12 Mit Hilfe eines Gitters definierte Positionen von 49 Freiheitsgraden auf der Platte. Die Antwort auf die Anregung der Platte wird an den markierten Freiheitsgraden 9,19 und 35 ermittelt

allen Freiheitsgraden angeregt und an einem Freiheitsgrad gemessen. Für das Beispiel wird von der zweiten Möglichkeit Gebrauch gemacht und an einem der Freiheitsgrade eine Messung mit Hilfe eines Beschleunigungsaufnehmers durchgeführt, während nacheinander an allen 49 Positionen die Anregung mit einem Hammer erfolgt. Dabei wird jeweils auch der Kraftverlauf mit einem entsprechenden Aufnehmer am Hammer gemessen. Obwohl nicht zwingend nötig, wird diese Prozedur noch zwei weitere Male für andere Positionen des Beschleunigungsaufnehmers wiederholt (siehe Abb. 1.12). Dadurch sind statt einer Zeile gleich drei Zeilen von $\boldsymbol{H}(\omega)$ bekannt. Die zusätzlichen Informationen lassen sich zur Verbesserung des Ergebnisses verwenden oder um den Einfluss von Fehlern in der Schätzung der einzelnen $H_{ij}(\omega)$ zu vermindern.

Bei jeder der 147 einzelnen Messungen wurden die Zeitverläufe der Kraft am Hammer und der Beschleunigung auf der Platte für eine Dauer von 2 s mit einer Abtastfrequenz von 12.500 Hz aufgezeichnet. Aus den aufgezeichneten Signalen wurden der Frequenzgang und die Impulsantwort ermittelt. Bei der praktischen Durchführung der Messung ist darauf zu achten, dass beim Anschlagen der Hammer jeweils nur einmal aufsetzt. Abb. 1.13 zeigt ein Beispiel für eine solche Impulsantwort. Entsprechend der Messdauer ergibt sich nach der diskreten Fouriertransformation zur Bestimmung des Frequenzgangs eine Frequenzauflösung von 0,5 Hz. Der zur Impulsantwort gehörende Amplitudengang ist in Abb. 1.14 dargestellt. Damit die gleiche Definition wie in der dargestellten Theorie verwendet werden kann, wurde hier bereits von der Beschleunigung auf die Auslenkung umgerechnet. Bei der Durchführung von Messungen sollte in jedem Fall darauf geachtet werden, eine ausreichend lange Messzeit und die damit verbundene Frequenzauflösung zu wählen. Anderenfalls kann es passieren, dass insbesondere für SDOF-Verfahren nicht ausreichende Informationen vorhanden sind und das zu fehlerhaften Ergebnissen führt.

Der Amplitudengang in Abb. 1.14 weist eine Reihe von lokalen Maxima auf. Wie bereits zuvor beschrieben, geben die Maxima eine Hinweis auf Eigenfrequenzen. Die unterschiedliche Höhe der Maxima hat ihre Ursache in erster Linie darin, dass die jeweils zugehörigen Eigenformen an dem beobachteten Freiheitsgrad unterschiedliche Auslenkungen aufweisen. Es ist sogar möglich, dass bei einer Eigenfrequenz gar kein Maximum im betrachteten Amplitudengang auftritt. Es ist allerdings davon auszugehen, dass in einem solchen Fall dann in Amplitudengängen bei anderen Freiheitsgraden ein Maximum auftritt, sofern die Eigenform nicht an allen betrachteten

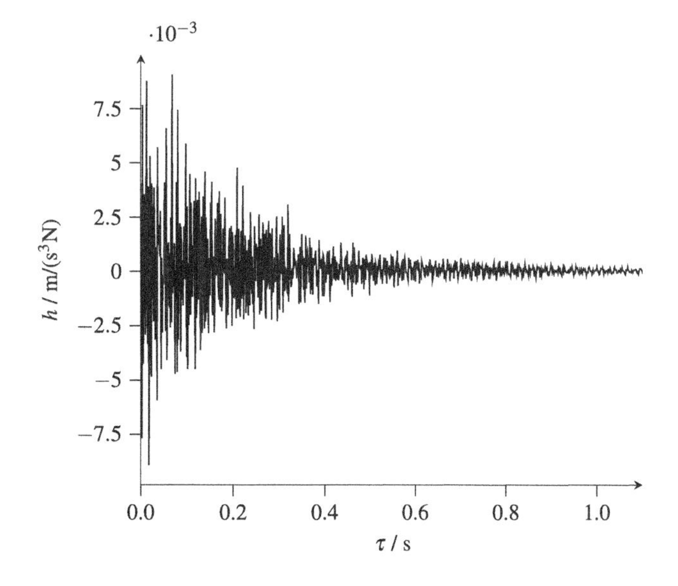

Abb. 1.13 Beispiel für eine der ermittelten Impulsantworten: Antwort der Beschleunigung am Freiheitsgrad 9 auf die Anregung mit einer Kraft am Freiheitsgrad 37. Die gesamte Länge der Impulsantwort beträgt 2 s

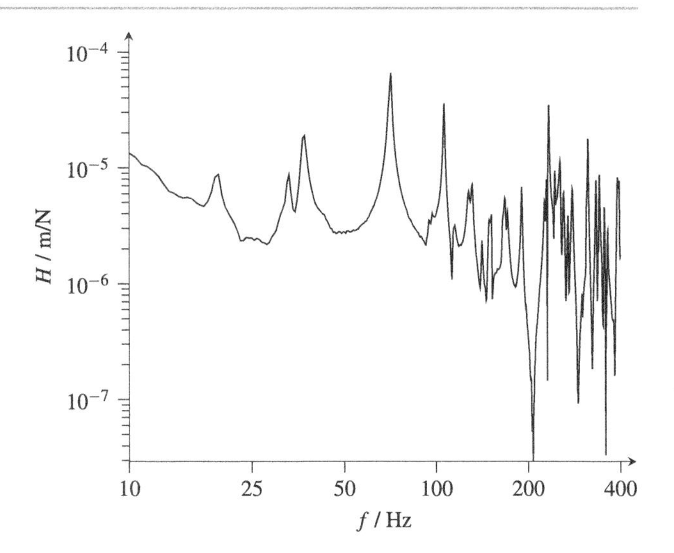

Abb. 1.14 Beispiel für einen der ermittelten Amplitudengänge: Antwort der Auslenkung am Freiheitsgrad 9 auf die Anregung mit einer Kraft am Freiheitsgrad 37. Die Frequenzauflösung beträgt 0,5 Hz

Freiheitsgraden keine oder sehr geringe Auslenkungen aufweist. Deshalb ist zu erwarten, dass die gleichzeitige Betrachtung aller Frequenzgänge die Eigenfrequenzen zuverlässiger bestimmen kann.

Abb. 1.15 zeigt die Summe aller Amplitudengänge für die Auslenkung am Freiheitsgrad 9. Diese Darstellung bildet bereits eine bessere Grundlage zur Bestimmung der Eigenfrequenzen. Es zeigen sich Maxima, die allerdings ebenfalls unterschiedlich stark ausgeprägt sind. Bei der praktischen Auswertung stellt sich die Frage, ob sich hinter einem bestimmten, vielleicht weniger stark ausgeprägten Maximum eine Eigenfrequenz verbirgt oder nicht. Hier kann es sinnvoll sein, alle ermittelten Informationen, also alle 147 ermittelten Frequenzgänge zu verwenden. Bei der einfachen Addition aller Amplitudengänge gibt es hier jedoch das Problem, dass sich die Auslenkungen an den verschiedenen Freiheitsgrades stark unterscheiden können, weil die untersuchte Struktur lokal stark unterschiedliche Nachgiebigkeiten aufweisen kann (im vorliegenden Beispiel wegen der überall gleichen Dicke der Platte nicht zu erwarten). Dann könnten die

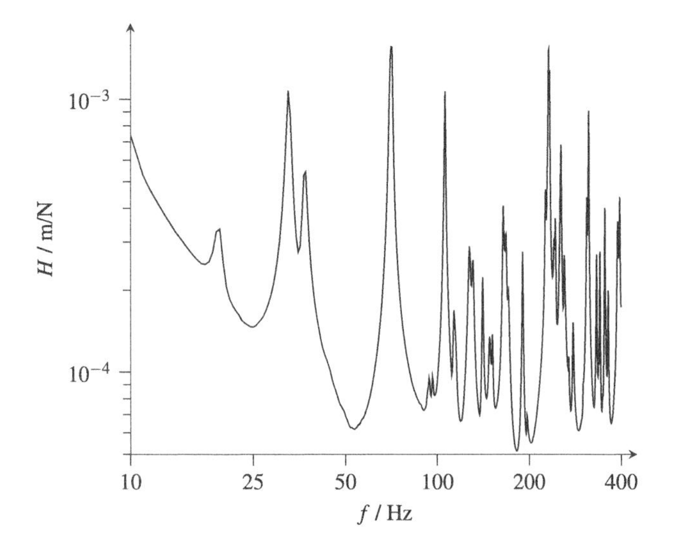

Abb. 1.15 Summe aller 49 Amplitudengänge für die Auslenkung am Freiheitsgrad 9

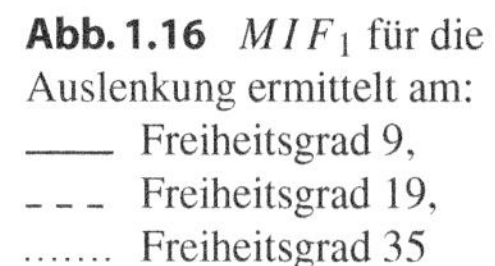

Abb. 1.16 MIF_1 für die Auslenkung ermittelt am:
____ Freiheitsgrad 9,
_ _ _ Freiheitsgrad 19,
.... Freiheitsgrad 35

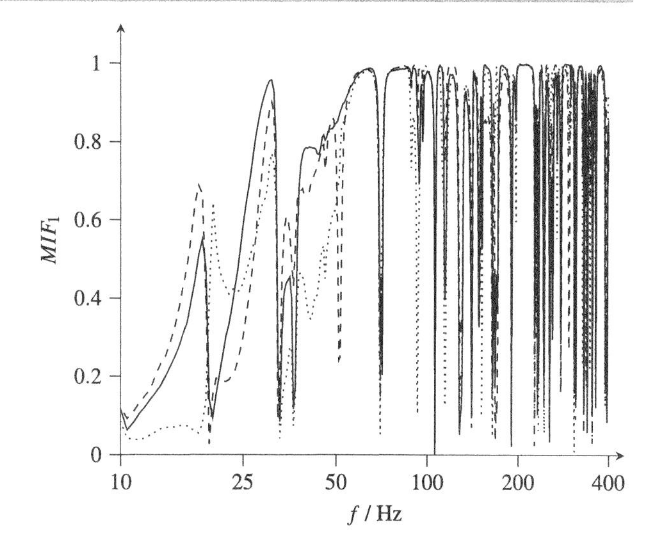

Amplitudengänge für einen Freiheitsgrad alle anderen dominieren.

Bei der mode indicator function MIF_1 (1.32) spielen die absoluten Werte des Frequenzgangs keine Rolle und die Minima zeigen das potentielle Vorhandensein von Eigenfrequenzen an. In Abb. 1.16 ist gut zu erkennen, dass sich die Ergebnisse für die unterschiedlichen Freiheitsgrade unterscheiden. Hier können wir also davon prinzipiell davon profitieren, dass mehr Daten als unbedingt nötig zur Verfügung stehen. Einen besseren Weg dazu bietet die multivariate mode indicator function $MvMIF$ (1.33), bei der alle zur Verfügung stehenden Frequenzgänge gemeinsam verarbeitet werden (Abb. 1.17). Minima dieser Funktionen zeigen potentielle Eigenfrequenzen an. Sofern mehrere dieser Funktionen bei der gleichen Frequenz ausgeprägte Minima haben, ist das ein Hinweis auf doppelte oder mehrfache Eigenfrequenzen, also verschiedene Eigenformen bei identischen (bei der praktischen Anwendung sehr eng benachbarten) Eigenfrequenzen. Auch die letzte Funktion, auf die hier eingegangen werden soll, erlaubt prinzipiell die Bestimmung solcher mehrfachen Eigenfrequenzen. Bei der complex mode indicator function $CMIF$ (1.35) werden ebenfalls alle zur Verfügung stehen Frequenzgänge einbezogen. Da im Beispiel drei Zeilen der Frequenzgangmatrix $\boldsymbol{H}$ bekannt sind ergeben sich entsprechend für jede Frequenz drei Singulärwerte, die der Größe nach geordnet jeweils eine $CMIF$ ergeben. Lokale Maxima des größten Singulärwertes weisen auf Eigenfrequenzen hin. Hat auch der zweitgrößte Singulärwert ein ähnliches Maximum bei der gleichen Frequenz, kann es sich um eine doppelte Eigenfrequenz handeln.

Für das Beispiel ist aus Gründen der Übersichtlichkeit die Darstellung der $CMIF$ in Abb. 1.18 auf ein Frequenzintervall zwischen 25 Hz und 200 Hz beschränkt. Ausgeprägte lokale Maxima des höchsten Singulärwert müssen als potentielle Eigenfrequenzen angesehen werden. Bei 70 Hz hat auch der zweithöchste Singulärwert ein lokales Maximum. Demzufolge kann vermutet werden, dass es sich um eine doppelte Eigenfrequenz handelt. Das lässt sich anhand der Eigenformen untersuchen, die aus den Singulärvektoren in (1.34) gewonnen werden können. Abb. 1.19 zeigt die zu den höchsten Singularwerten gehörenden Eigenformen. Die Eigenformen entsprechen den nach der Theorie (1.51) zu erwartenden für $(m, n) = (1, 2)$ und $(m, n) = (2, 1)$.

Generell kann aus den verschiedenen Indikatoren nicht sicher auf das tatsächliche Vorhandensein von Eigenfrequenzen geschlossen werden. Das liegt daran, dass stets nur eine Auswahl von Freiheitsgraden untersucht wird und die Information damit unvollständig ist. Deshalb ist es erforderlich, neben den Indikatoren auch die sich erge-

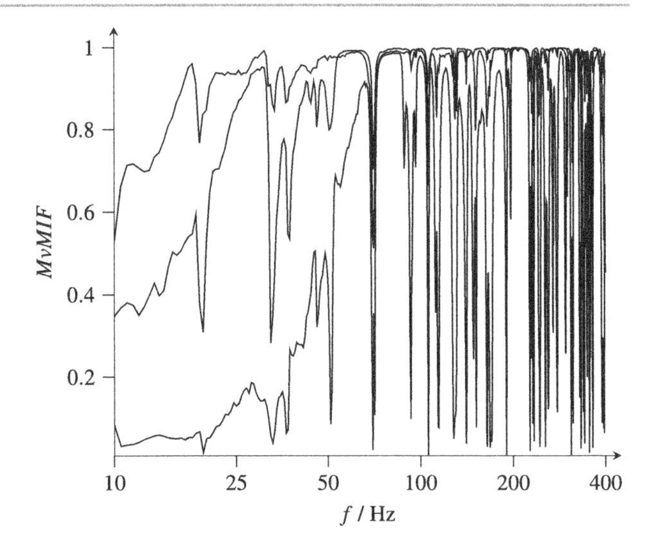

Abb. 1.17 Sämtliche $MvMIF$, ermittelt aus allen 147 Frequenzgängen

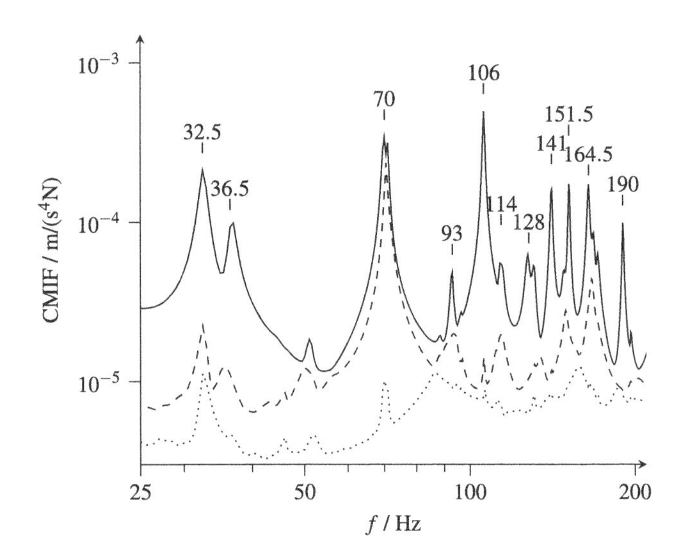

Abb. 1.18 $CMIF$ mit Kennzeichnung möglicher Eigenfrequenzen bei lokalen Maxima der mit dem höchsten Eigenwert korrespondierenden $CMIF$

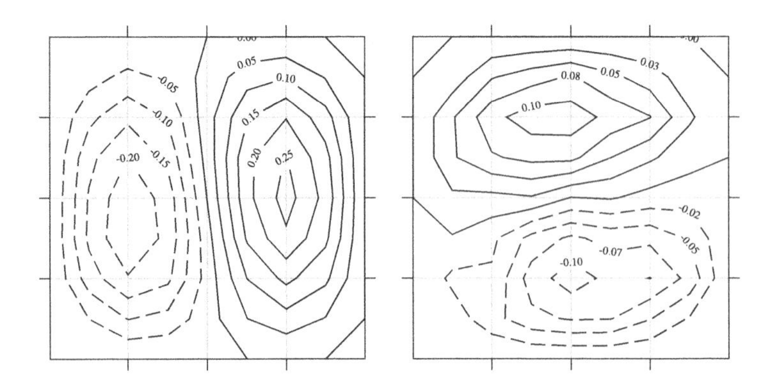

Abb. 1.19 Die zu den zwei höchsten Singulärwerten gehörenden Singulärvektoren zeigen die Eigenformen bei der doppelten Eigenfrequenz 70 Hz

benden möglichen Eigenformen zu betrachten. Für das Beispiel wollen wir zunächst die complex mode indicator function aus Abb. 1.18 verwenden und dabei jedoch den Frequenzbereich bis 400 Hz betrachten. Für jeweils alle lokalen Maxima des höchsten Singulärwertes is in Abb. 1.20 der zugehörige Singulärvektor in Form von möglichen Eigenformen der Platte dargestellt. Eine nähere Betrachtung zeigt, dass sich einige dieser Formen stark von allen anderen unterscheiden, während andere Ähnlichkeiten untereinander aufweisen. So findet sich beispielsweise keine andere Form, die der bei 70 Hz ähnelt, während die bei 93 Hz und bei 151,5 Hz eine gewisse Ähnlichkeit aufweisen.

Eine Quantifizierung dieses Eindrucks ist mit Hilfe des bereits diskutierten modal assurance criterion MAC möglich. In Abb. 1.21 wurde dieses nach (1.49) für alle möglichen Paare aus den in Abb. 1.20 dargestellten Singulärvektoren berechnet. Handelte es sich bei allen um Eigenformen, müssten die Werte für Paare aus unterschiedlichen Singulärvektoren $i \neq j$ sehr kleine Werte annehmen. Das ist tatsächlich für viele, jedoch nicht für alle, der Fall. So zeigt Abb. 1.21 für das eben erwähnte Paar 93 Hz und 151,5 Hz einen höheren Wert. Das gleiche trifft auch auf die Formen bei 254 Hz und 261 Hz sowie auf einige andere in geringerem Umfang zu. In diesen Fällen muss in Zweifel gezogen werden, dass es sich tatsächlich um eine Eigenfrequenz handelt. Als eine weitere Möglichkeit zur Überprüfung könnten weitere Indikatoren (MIFs) herangezogen werden. Ebenfalls überprüft werden kann die sich für die einzelnen möglichen Eigenfrequenzen ergebende Dämpfung. Weicht diese sehr stark von den Ergebnissen bei anderen Eigenfrequenzen ab, ist das ein Indiz für das fehlerhafte Identifizieren einer Eigenfrequenz.

Machmal ist es außerdem möglich, die Ergebnisse anhand von theoretischen Modellen als nicht plausibel zu bewerten. Für das Beispiel der Platte lässt sich aus der Theorie (1.51) herleiten, dass alle Eigenformen $m \times n$ Minima und Maxima angeordnet wie in einem Gitter aufweisen. Das trifft auf die gefundenen Eigenformen bei 70 Hz, 106 Hz, 164,5 Hz, 226,5 Hz, 278,5 Hz, 308,5 Hz, 312,5 Hz, 389,5 Hz und 395,5 Hz zu. Alle anderen weichen mehr oder weniger stark davon ab. Ursache könnte ein Unterschied zwischen den Annahmen der Theorie (beispielsweise zur gestützten Lagerung am Rand der Platte) und den tatsächlichen Verhältnissen (Lagerung auf einem Rahmen) sein. Das ließe sich unter anderem für die bei 32,5 Hz und 36,5 Hz gefundenen Formen vermuten. Jedoch können auch fehlerhafte Ergebnisse (es handelt sich gar nicht um Eigenfrequenzen) vorliegen.

Sofern eine Eigenfrequenz einen ausreichend großen Abstand von anderen Eigenfrequenzen hat, können die beschriebenen Methoden zur Extraktion modaler Parameter aus Frequenzgängen unter der SDOF-Annahme eingesetzt werden. Dies soll hier an einem Beispiel für den Frequenzgang der Antwort am Freiheitsgrad 9 bei Anregung am Freiheitsgrad 11 und die zuvor identifizierte Eigenfrequenz von 106 Hz demonstriert werden. Beim Amplituden-Fit-Verfahren wird dazu das in (1.31) unten angegeben Modell für den Frequenzgang im Bereich um 106 Hz herum durch Bestimmung von ω_0, η und des Faktors $\Phi_{nk}\Phi_{km}$ so angepasst, dass sich eine minimale Abweichung zum gemessenen Amplitudengang ergibt. Abb. 1.22 zeigt den gemessenen und den nach Modell angepassten Amplitudengang. Die beste Übereinstimmung ergibt sich für eine (somit präzisierte) Eigenfrequenz von 106,132 Hz und einen Verlustfaktor von 0,77 %. Fast die gleichen Ergebnisse findet man für das Circle-Fit-Verfahren (siehe Abb. 1.23). Amplituden-Fit-Verfahren bzw. Circle-Fit-Verfahren sollten beim praktischen Einsatz für verschiedene Frequenzgänge wiederholt werden, um die Zuverlässigkeit und Aussagekraft der Ergebnisse zu verbessern.

Abschließend soll noch ein Beispiel für ein MDOF-Verfahren diskutiert werden. Das LSCF-Verfahren (Least Squares Complex Frequency) [8] schätzt ausgehend von allen vorhandenen Frequenzgängen die Eigenfrequenzen und Dämpfungen für ein Modell mit einer vorgegebenen Anzahl von Eigenfrequenzen (Modellordnung) im untersuchten Frequenzbereich. Da in der Praxis die tatsächliche Anzahl der Eigenfrequenzen unbekannt ist, wird das LSCF-Verfahren für eine immer größer werdende Anzahl von Eigenfre-

Abb. 1.20 Die zu dem jeweils höchsten Singulärwert bei den lokalen Maxima von $CMIF_1$ gehörenden Singulärvektoren zeigen mögliche Eigenformen. Der dargestellte Frequenzbereich umfasst alle Frequenzen kleiner als 400 Hz

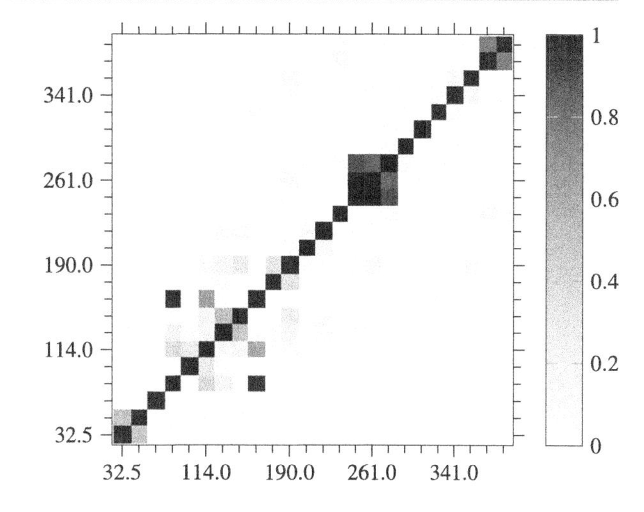

Abb. 1.21 Werte des modal assurance criterion MAC (1.49) für alle in Abb. 1.20 dargestellten möglichen Eigenformen. Die Achsenbezeichnungen beziehen sich auf die zugehörigen möglichen Eigenfrequenzen (siehe Abb. 1.20)

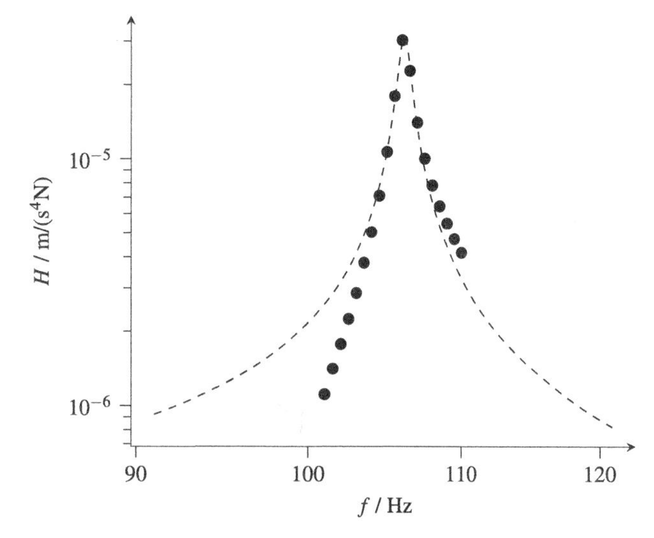

Abb. 1.22 Amplitudengang der Antwort am Freiheitsgrad 9 bei Anregung am Freiheitsgrad 11: _ _ _ angepasstes Modell und ● Messwerte

quenzen wiederholt durchgeführt. Dabei wird die Hypothese ausgenutzt, dass sich bei Abweichungen von Modellordnung und tatsächlicher Anzahl der Eigenfrequenzen im Modell zusätzliche Eigenfrequenzen ergeben, deren Werte und zugehörigen Dämpfungen sich zwischen den verschiedenen Modellordnungen unterscheiden. Für die tatsächlichen Eigenfrequenzen kann angenommen werden, dass deren Werte sowie die zugehörigen Dämpfungen für unterschiedliche Modellordnungen gleich bleiben. Dieser Sachverhalt kann mit Hilfe eines sogenannten Stabilitätsdiagramms untersucht werden. Darin werden die durch das LSCF-Verfahren (oder allgemein auch durch andere MDOF-Verfahren) identifizierten Eigenfrequenzen und zugehörigen Verlustfaktoren für verschiedene Modellordnungen eingetragen. Für jeden Eintrag bei einer bestimmten Modellordnung wird dazu untersucht, ob sich die Eigenfrequenzen und die Verlustfaktoren des Modells im Vergleich zu vorhergehenden Modellordnung verändert haben. Auf diese Art und Weise können „stabile" Moden identifiziert werden, deren Eigenschaften, also Eigenfrequenz und Verlustfaktor, sich für verschiedene Modellordnungen nicht oder sehr wenig verändern.

Abb. 1.24 zeigt ein solches Stabilitätsdiagramm für das hier behandelte Beispiel der Platte. Während beim Praxiseinsatz oft nur die

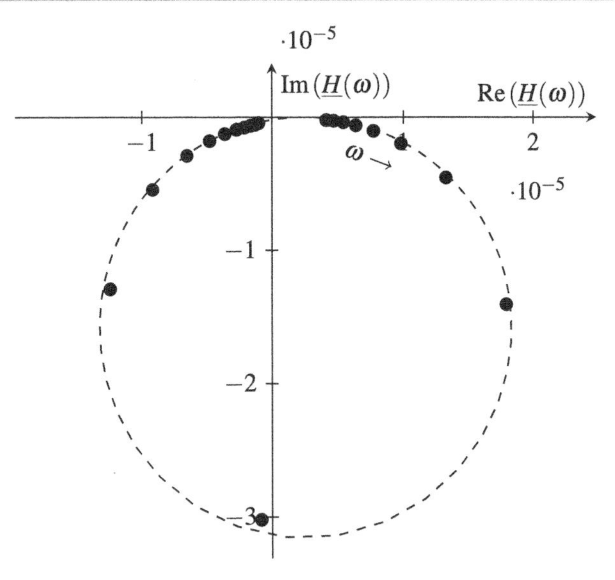

Abb. 1.23 Ortskurve des Frequenzgangs der Antwort am Freiheitsgrad 9 bei Anregung am Freiheitsgrad 11 im Frequenzbereich zwischen 100 Hz und 110 Hz: – – – angepasstes Modell und ● Messwerte

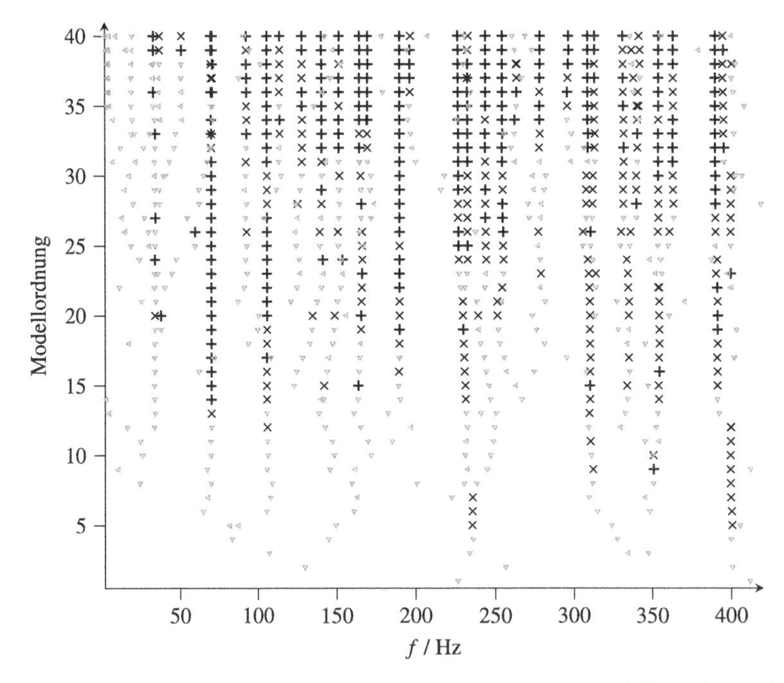

Abb. 1.24 Stabilitätsdiagramm für die Ermittlung modaler Parameter nach dem LSCF-Verfahren: im Vergleich zur vorhergehenden Modenordnung sind × Eigenfrequenzen stabil, Verlustfaktoren nicht stabil, + Eigenfrequenzen und Verlustfaktoren stabil, ▿ Eigenfrequenzen und Verlustfaktoren nicht stabil, ◃ Eigenfrequenzen nicht stabil, Verlustfaktoren stabil

Tab. 1.2 Zusammenfassung der Eigenfrequenzen bis 200 Hz: theoretisch berechnete, experimentell anhand von $CMIF$ gefundene (siehe Abb. 1.18) sowie mit Hilfe des LSCF-Verfahrens (Modellordnung 40) ermittelte Werte

m, n in (1.50)	f_0 nach (1.50) Hz	$CMIF$ f_0 Hz	LSCF f_0 Hz	LSCF η %
1,1	27,7	32,5/36,5	32,3	1,3
1,2	69,3	70	69,5	0,7
2,1	69,3	70	70,4	0,7
		93	92,4	1
2,2	110,9	106	105,6	0,4
3,1	138,6	114	113,9	1
1,3	138,6	128	128,1	1,2
		141	140,3	0,4
		151,5	151,2	0,3
3,2	180,2	164,5	164,2	0,5
2,3	180,2		169,3	1,1
		190	189,8	0,3

stabilen Moden dargestellt werden, sind hier alle Ergebnisse eingetragen. Es ist gut zu erkennen, dass bestimmte Eigenfrequenzen mit zunehmender Modellordnung gleich bleiben, während andere nur bei bestimmten Modellordnungen identifiziert werden. Ein Vergleich mit den zuvor anhand der $CMIF$-Maxima gefundenen Eigenfrequenzen zeigt trotz des grundsätzlich anderen Ansatzes der Analyse eine gute Übereinstimmung. Abschließend sind in Tab. 1.2 sind die mit diesen beiden Verfahren gefunden Werte den nach der Theorie vorhergesagten Werten gegenübergestellt. Es zeigt sich, dass sich durch Abweichungen wie die nicht gut beschreibbare tatsächliche Lagerung der Platte Unterschiede zwischen der Theorie und den Messergebnissen ergeben und nicht alle experimentell gefundenen Eigenfrequenzen auch von der Theorie vorhersagt werden.

Literaturverzeichnis

[1] Allemang, R.J., Brown, D.L.: A correlation coefficient for modal vector analysis. In: Proceedings of the 1st international modal analysis conference, SEM Orlando, Bd. 1, S. 110–116 (1982)

[2] Allemang, R.J., Brown, D.L.: Experimental modal analysis. In: Harris, C.M., Piersol, A.G. (Hrsg.) Harris' Shock and Vibration Handbook, S. 21.1–21.72. McGraw-Hill, New York (2002)

[3] Brandt, A.: Noise and Vibration Analysis: Signal Analysis and Experimental Procedures. Wiley, Chichester (2011)

[4] Cremer, L., Heckl, M., Kropp, W., Möser, M.: Körperschall. Springer, Berlin (2009)

[5] Ewins, D.J.: Modal Testing: Theory and Practice. Research studies press, Letchworth (1984)

[6] Radeş, M.: Performance of various mode indicator functions. Shock & Vibration **17**(4, 5), 473–482 (2010)

[7] Shih, C., Tsuei, Y., Allemang, R., Brown, D.: Complex mode indication function and its applications to spatial domain parameter estimation. Mech. Syst. Signal Process. **2**(4), 367–377 (1988)

[8] Verboven, P. Frequency-domain system identification for modal analysis. PhD thesis, Vrije Universiteit Brussel, Brussels (2002)

[9] Williams, R., Crowley, J., Vold, H.: The multivariate mode indicator function in modal analysis. In: International Modal Analysis Conference, S. 66–70 (1985)

[10] Woodcock, D.: On the interpretation of the vector plots of forced vibrations of a linear system with viscous damping. Aeronaut. Q. **14**(1), 45–62 (1963)

Printed by Books on Demand, Germany